全国职业教育旅游类专业“十四五”规划教材
全国高职高专研学旅行管理与服务及旅游管理专业“十四五”规划教材

研学旅行课程设计与实施

主　编　刘　芳
副主编　雷　平　王浩瑜　刘复兴
主　审　魏巴德

本书立体化资源

黄河水利出版社
·郑州·

内 容 提 要

本书为全国职业教育旅游类专业“十四五”规划教材。研学旅行课程设计与实施是研学旅行指导师的核心技能。本书围绕研学旅行指导师如何策划、设计、组织和实施研学旅行课程，系统地介绍了研学旅行指导师应掌握的基础知识、相关理论和技能。全书共分5个项目，包括研学旅行概述、研学旅行课程设计基础、研学旅行课程设计流程、研学旅行课程手册编制、研学旅行课程组织与实施。

本书特色鲜明、重点突出、实用性强，可供旅游行业研学旅行从业人员作为培训参考资料，亦可供中高职院校研学旅行管理与服务专业及旅游类相关专业师生作为教材使用。

图书在版编目（CIP）数据

研学旅行课程设计与实施/刘芳主编. —郑州：黄河水利出版社，2024.6

全国职业教育旅游类专业“十四五”规划教材

ISBN 978-7-5509-3880-9

Ⅰ.研… Ⅱ.①刘… Ⅲ.①教育旅游-课程设计-高等职业教育-教材 Ⅳ.①F590.75

中国国家版本馆 CIP 数据核字（2024）第 082647 号

策划编辑：陶金志　电话：0371-66025273　E-mail：838739632@qq.com

责任编辑	母建茹	责任校对	岳晓娟
封面设计	张心怡	责任监制	常红昕
出版发行	黄河水利出版社		
	地址：河南省郑州市顺河路49号　邮政编码：450003		
	网址：www.yrcp.com　E-mail：hhslcbs@126.com		
	发行部电话：0371-66020550		
承印单位	河南承创印务有限公司		
开　　本	787 mm×1 092 mm　1/16		
印　　张	14		
字　　数	323 千字		
版次印次	2024年6月第1版	2024年6月第1次印刷	
定　　价	48.00 元		

前　言

党的二十大报告对实施科教兴国战略,强化现代化建设人才支撑作出全面部署。为全面贯彻习近平新时代中国特色社会主义思想和党的教育方针,落实好"立德树人"根本任务,培养德、智、体、美、劳全面发展的社会主义建设者和接班人,进一步丰富研学旅行领域的课程资源,本书根据教育部等部委颁布的指导性文件,按照教育部全国研学旅行管理与服务专业简介和教学标准,依据人力资源和社会保障部《中华人民共和国职业分类大典(2022 版)》研学旅行指导师国家职业标准,参照中共中央 国务院 2020 年 3 月 20 日印发的《关于全国加强新时代大中小学劳动教育的意见》、《义务教育课程方案和课程标准(2022 年版)》(教材〔2022〕2 号)等,完成了编写。

研学旅行课程设计与实施是研学旅行指导师的核心技能。全书遵循教育教学基本规律和人才成长规律,针对研学旅行指导师这一新兴的独立岗位所需要的专业素养和能力要求,围绕研学旅行指导师如何策划、设计、组织和实施研学旅行课程方案,按照"情景创设+工作任务+知识点+工作流程+实训操作+过程评价"的体例进行编写。本书共分 5 个项目,包括研学旅行概述、研学旅行课程设计基础、研学旅行课程设计流程、研学旅行课程手册编制、研学旅行课程组织与实施。本书具有以下特点:其一,思政引领。本书秉承思政育人的教育理念,围绕"立德树人"这一根本性教育目标设计学习任务,学习内容与思政元素自然融合,思想政治引领贯穿于全书。其二,本书立足于旅游产业发展新特点和新业态,紧跟当前中小学素质教育前沿,服务于中小学生研学旅行课程设计与实施,实现学习内容与研学旅行指导师岗位职业能力对接。其三,本书以研学旅行指导师的典型工作任务为载体,既注重理论阐述,又突出实践操作,体现了研学旅行领域的发展趋势及研学旅行指导师实际业务操作中的新知识、新技术和新方法,通过模块化工作流程,将知识、能力和正确价值观的培养有机结合,教学内容和案例能够帮助学习者更好地将理论知识应用于实际工作中。其四,本书编写人员常年在一线从事研学旅行教学和管理工作,有丰富的执教或从业经验。编写内容设计逻辑严谨、重点突出,文字表述规范准确、简明扼要,案例编写结合实际、通俗易懂,编写形式新颖,能有效激发学习者的学习兴趣和创新潜能。最后,本书教学资料丰富,配套完善。书中将与知识点对应的教学视频、微课、专家访谈等学习资源放入二维码,拓展了教材内容,同时配套有教学课件、习题等,供学习者或教师学习使用。

本书由甘肃工业职业技术学院刘芳副教授担任主编,甘肃林业职业技术大学雷平副教授、天水市文化和旅游局文化旅游培训中心主任王浩瑜、天水市博物馆文博副研究馆员刘复兴担任副主编。其中,刘芳负责拟定大纲和前言,并编写项目 1 任务 2 至任务 3、项目 3 任务 1 至任务 7、项目 4、项目 5 及附录,雷平负责编写项目 2,王浩瑜负责编写项目 3 任务 8,刘复兴负责编写项目 1 任务 1,最后由刘芳总纂定稿。亲子猫(北京)国际教育科技有限公司董事长魏巴德进行了认真细致的审稿,提出了许多宝贵意见。

本书在编写过程中,得到了甘肃工业职业技术学院教务处、天水市博物馆、天水伏羲庙景区、天水市旅游协会、亲子猫(北京)国际教育科技有限公司、甘肃兰神国际旅行社有限责任公司天水分公司、乐动丝路(甘肃)国际旅行社有限公司的大力支持和帮助。在此,对给予指导的专家表示感谢!对黄河水利出版社为本教材顺利出版给予的大力支持表示感谢。本书在编写过程中,借鉴了大量的出版物和网上资料,未一一列明,在此一并表示最衷心的感谢。因无法联系到作者本人,如有不妥之处,请通知出版社与主编沟通处理,邮箱:838739632@ qq. com。

由于编者水平和视野有限,书中难免会有错漏和不足之处。恳请广大读者提出宝贵的意见和建议,以便今后加以修订和完善。

编　者

2024 年 3 月

目 录

项目1 研学旅行概述

【项目导学】

研学旅行横跨旅游、教育等领域，既是旅游新业态，也是一种新兴的教育形式。“千里之行，始于足下”。掌握研学旅行的概念、构成要素、主要特征，熟悉研学旅行指导师的职业素养、岗位能力要求是我们探索研学旅行的开端。

【学习目标】

知识目标	1. 了解研学旅行的相关政策文件； 2. 理解研学旅行的概念和构成要素； 3. 掌握研学旅行的主要特征； 4. 理解研学旅行指导师的职业素养要求； 5. 熟悉研学旅行指导师的职业能力要求
能力目标	1. 能够分清参与研学旅行的各方及其应负的责任； 2. 能够辨别研学旅行和其他活动的异同
素质目标	树立立德树人、培养人才的职业责任感

【情境导入】

作为旅游管理专业的学生，小张对研学旅行非常感兴趣，毕业后想从事研学旅行策划与管理方面的工作。此刻，她想弄明白以下问题：

1. 什么是研学旅行？
2. 研学旅行和亲子游、游学、修学旅游产品一样吗？
3. 有哪些机构、单位可能会参与到研学旅行中？
4. 研学旅行工作中有哪些工作岗位？
5. 什么是研学旅行指导师？
6. 研学旅行指导师需要具备哪些能力和素质？

请你根据在项目1中获得的信息，帮小张解惑。

【任务导航】

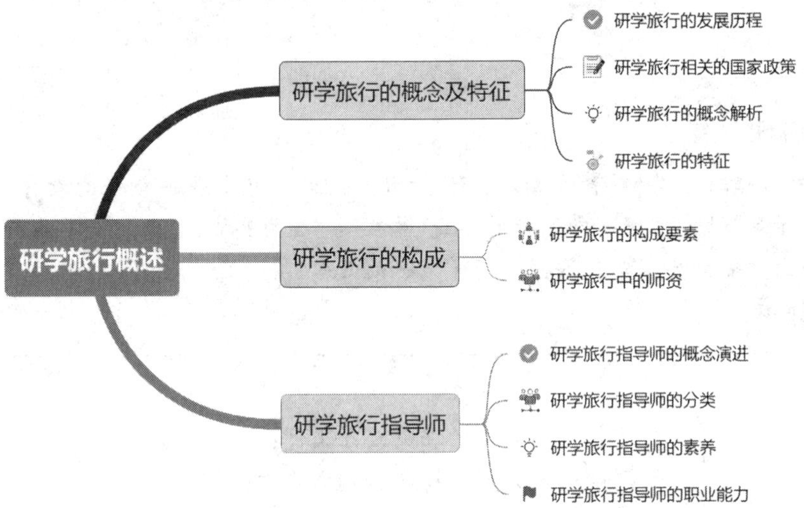

任务 1　研学旅行的概念及特征

1.1　任务描述

【任务内容】

根据研学旅行的内涵和特征，分辨研学旅行与其他综合实践活动、旅游产品等的不同之处。

【完成方式】

个人分析。

【成果形式】

文本。

1.2　知识储备

【知识点 1】研学旅行发展历程

研学旅行是社会经济发展到一定阶段的产物。在我国，研学旅行是由古代游学、近代修学旅行逐步演变发展而来的，如表 1-1 所示。

表 1-1 中国的研学旅行与教育活动

古代研学旅行	春秋时期，孔子携众弟子踏歌而行，继而周游列国； 战国时期，诸侯并起，厚招游学，广纳贤能（苏秦、张仪纵横游说）； 两汉时期，学子们为学经，远行访师问道（司马迁）； 隋唐兴“壮游”、旅行学习之风，众多士子走出书斋，进行郊游、远行、交友、边塞之旅（玄奘、鉴真、李白、杜甫）； 北宋科学家沈括自幼随父宦游各地，所见所闻终集成巨著《梦溪笔谈》； 明代徐霞客游历四方，著传世地理名著《徐霞客游记》
现代研学旅行	20 世纪 30 年代，著名教育家陶行知抱着教育救国的理想积极倡导“知行合一”，认为“行是知之始，知是行之成”“生活即教育，社会即学校”
新中国成立以来	不同社会发展时期对教育有不同的要求，很多学校组织了各种带有研学性质的活动，诸如学工、学农、学军、勤工俭学、爱国主义教育、国防教育、红色旅游、历史文化探源、地质生物考察等； 20 世纪 90 年代，伴随改革开放的深入，不少旅行社根据市场需求组织专题的修学旅行或海外游学旅行团； 2001 年，第八次基础教育课程改革后，这种寓教于乐又富有知识性的教育教学活动逐步提上国家议事日程； 2016 年，教育部等 11 部门颁布了《关于推进中小学生研学旅行的意见》（教基一〔2016〕8 号）。自此，研学旅行在教育部的主导下在国内全面推行

在国外，研学旅行又被称为修学旅游、教育旅游、营地活动等。16—17 世纪欧洲地区兴起的“大游学”（Grand Tour）运动是教育旅行的前身，不少国家开始崇尚“漫游式修学旅行”。英国的“大游学”如表 1-2 所示。第二次世界大战后，欧美国家开始发展营地教育；日本于 1946 年发展修学旅行，到 1960 年修学旅行已成为日本中小学校的常规教育活动。美国营地冬夏令营如表 1-3 所示。

表 1-2 英国的“大游学”

“大游学”（Grand Tour），实际就是修学旅游	
发展历程	17 世纪，英国王室王子周游列国； 18 世纪，这种游学在英国上流阶层普及； 2006 年春季，英国教育与技能部（DFES）发布了《课外教育宣言》，成为英国开展研学旅行的重要政策文件并发挥了实际效用
特点	英国的“大游学”作为一种校外教育模式，特别强调学生全员参与，同时把学生出行所达成的目标、能够实现的教育意义和价值，作为重要的衡量标准
类别	针对不同年龄层学生提供贴近生活和社会、形式多样的教育旅行，按照不同的空间和内容，大致概括为体验式环境教育、社区教育、航海旅行三种类型

表 1-3　美国营地冬夏令营

营地夏令营、冬令营活动均起源于美国,有着 150 多年的历史	
概念	营地活动是一种在户外以团队生活为形式,并能够达到创造性、娱乐性和教育意义的持续体验。通过领导力培训及自然环境的熏陶,帮助每一位营员达到生理、心理、社交能力及心灵方面的成长
与传统夏令营、冬令营的区别	在美国,营地活动作为一种体验式教育,与传统的夏令营和冬令营有一定区别。夏令营和冬令营往往没有固定的营地,营地活动更强调有固定的营地,有营地建设、营地活动、营地课程等
特点	美国约有 12000 个营地,住宿营地约有 7000 个,每年约有 1000 万名儿童和青少年、100 万名成年人参加营地活动。此外,美国极为重视博物馆的教育功能,几乎每家大、中型博物馆都设立有教育部,成为学校课程开展的重要场所

【知识点 2】研学旅行相关国家政策

2013 年 2 月,国务院办公厅印发《国民旅游休闲纲要(2013—2020 年)》(国发办〔2013〕10 号),我国首次以政府文件的形式使用"研学旅行"的概念,也宣告了"研学旅行"正式登上社会经济发展的历史舞台。

2014 年 7 月 14 日,教育部《中小学学生赴境外研学旅行活动指南(试行)》中制定了研学旅行的基本标准和规则。

2014 年 8 月 21 日,国务院《关于促进旅游业改革发展的若干意见》中首次明确了"研学旅行"要纳入中小学生日常教育范畴,要"积极开展研学旅行"。

2015 年,国务院办公厅印发《关于进一步促进旅游投资和消费的若干意见》再次提出"支持研学旅行发展"。

2016 年 11 月 30 日,教育部等 11 部门颁布《关于推进中小学生研学旅行的意见》(简称《意见》),明确提出把研学旅行纳入学校教育教学计划,要精心设计研学旅行活动课程。

2016 年 12 月 19 日,国家旅游局(现中华人民共和国文化和旅游部)发布了《研学旅行服务规范》(LB/T 054—2016),首次规定了研学旅行行业标准。

2017 年 8 月 17 日,教育部发布《中小学德育工作指南》(教材〔2017〕8 号),明确要求学校要把研学旅行作为学校德育工作活动育人的重要内容纳入学校教育教学计划。

2017 年 9 月 25 日,教育部《中小学综合实践活动课程指导纲要》(教材〔2017〕4 号)将研学旅行纳入学校教育学分系统,进一步确立了研学旅行的课程地位,为研学旅行课程开设提供指导。

2022年,人力资源和社会保障部(简称人社部)把研学旅行指导师纳入了《中华人民共和国职业分类大典(2022版)》,明确了该职业的主要工作内容。

2023年8月28日,人社部公示了《研学旅行指导师国家职业技能标准(征求意见稿)》,将研学旅行指导师划分为四个职业技能等级,细化了职业岗位的基本要求和工作要求。

2023年11月13日,文化和旅游部(简称文旅部)印发了《国内旅游提升计划(2023—2025年)》,在主要任务中明确提出要着力推动研学等旅游新产品。

码1-1 研学旅行的概念及特征

【知识点3】研学旅行的概念解析

从字面上来看,研学旅行跨界教育与旅游两大领域,既是旅游新业态,也是一种新兴教育形式。在我国,研学旅行概念界定的依据,来源于原国家旅游局、教育部分别颁布的标准和文件。

2016年,国家旅游局发布的《研学旅行服务规范》(LB/T 054—2016)中指出:"研学旅行是以中小学生为主体对象,以集体旅行生活为载体,以提升学生素质为教学目的,依托旅游吸引物等社会资源,进行体验式教育和研究性学习的一种教育旅游活动。"

2016年,教育部等11部门颁布的《意见》规定,"中小学生研学旅行是由教育部门和学校有计划地组织安排,通过集体旅行、集中食宿方式开展的研究性学习和旅行体验相结合的校外教育活动,是学校教育和校外教育衔接的创新形式,是教育教学的重要内容,是综合实践育人的有效途径。"

从以上两个文件中,我们获得的关键信息有:研学旅行是一种由教育主管部门和学校根据教学计划组织安排的,以中小学生为主体的,以集体旅行生活为载体的,进行研究性学习和体验性学习的重要校外教育活动。

此外,在教育部《中小学综合实践活动课程指导纲要》中,明确提出了综合实践活动的主要方式包括:考察探究、社会服务、设计制作和职业体验。其中,考察探究是"学生基于自身兴趣,在教师的指导下,从自然、社会和学生自身生活中选择和确定研究主题,开展研究性学习,在观察、记录和思考中,主动获取知识,分析并解决问题的过程,如野外考察、社会调查、研学旅行等"。因而,研学旅行是一种综合实践活动。

【知识点4】研学旅行的特征

教育部等11部门颁布的《意见》对研学旅行工作提出了四项基本原则,即教育性原则、实践性原则、安全性原则和公益性原则。据此,研学旅行的基本特征可表述为以下七项:

1. 教育性

教育性是研学旅行的根本属性。研学旅行作为一门综合实践活动课程,以立德树人、培养人才为根本目的。因而,要在了解学生认知水平、思维能力的基础上,参照中小学生学科课程标准,设置真实情景,引导学生从中发现问题、分析问题、解决问题,使研学活动在具有价值引领和知识性的同时,还具有趣味性与体验性。

2. 安全性

安全性是开展研学旅行的重要前提。研学旅行要建立相应的安全保障制度,向教育行政主管部门报备活动方案和安全预案;与家长签订协议书,明确学校、家长、学生的责任和权利;与有资质、信誉好的委托企业或机构签订协议书,明确委托企业或机构承担学生研学旅行的安全责任;靠实教育行政主管部门、学校、保险公司、旅行社或其他委托的研学机构等各方的安全保障责任。在研学活动出行前,做好学生的安全教育工作,分析潜在的安全隐患并做好研学旅行应急预案。在研学活动中,各方积极配合,为学生安全保驾护航。在研学活动后,及时总结经验教训,完成安全管理资料的归档。

3. 计划性

计划性是实施研学旅行的有效保障。"凡事预则立,不预则废",教学计划是教师进行教学活动的依据,是对课程的整体规划。研学旅行作为一种校外教育活动,也需要制订教学计划,以明确本次教学活动的对象、时间、目的地、教学目标、教学任务、组织形式、教学方法和手段、参与人员、费用预算等。

4. 集体性

集体性是研学旅行组织方式的外在表现,也是其区别于旅游活动的重要特征。不同于团队旅游、散客旅游等组织方式,研学旅行作为纳入教育部门和学校教育教学计划的重要教学活动,它往往以班级、年级、学校为单位进行集体出行活动。学生在集体旅行、集中食宿中,学会互相帮助,形成团队意识,通过团队协作培养合作能力,提高社交能力,形成社会责任感。

5. 实践性

实践性是推进研学旅行的实施路径。"纸上得来终觉浅,绝知此事要躬行。"研学旅行以中小学生为主体对象,以集体旅行生活为载体,让学生在真实的社会环境中,通过旅行体验和探究性学习,激发学习兴趣、拓宽视野、丰富知识、陶冶情操、拓展能力。研学旅行的实践性特征,符合学生个人发展、学校素质教育实施、社会人才需求和国家建设者培养的要求。

6. 综合性

研学旅行活动不属于某个单一学科,它是超越了学科分类的综合性实践活动课程。在一次研学旅行活动中,会涉及不止一个学科的知识和技能。因此,在设计开发研学旅行课程时,需要结合学生实际,整合学校、社会资源,充分挖掘自然类、地理类、人文类、历史类、科技类课程的特点,构建多学科教育模式,形成学校办学特色。

7. 公益性

公益性是研学旅行全面推行的重要支持,也是区别于旅游产品的又一特征。研学旅行活动要坚持教育的公益性,不得开展以营利为目的的经营性创收,对贫困家庭学生要减免费用。从事研学旅行工作,与旅游市场运作方式不完全相同,教育部等 11 部门颁布的《意见》表明,费用可探索多元化经费筹措机制,由政府、学校、社会、家庭多方共同承担。同时,鼓励通过社会捐赠、公益性活动等形式支持开展研学旅行。总之,要以研学旅行的公益性推动教育的公平性。

【知识点5】其他实践活动

春秋游：是学校有计划组织的校外实践活动，通常不安排在外的集中住宿。

家庭亲子游：是由家庭成员构成的外出旅行活动，不等于学校集体生活。

国际游学：出现在2014年教育部《中小学学生赴境外研学旅行活动指南》中，但教育部主管部门的研学相关文件中未提到"国际游学"，且教育部等11部门发布的《意见》中提出研学活动的主阵地是国内，"学校根据学段特点和地域特色，逐步建立小学阶段以乡土乡情为主、初中阶段以县情市情为主、高中阶段以省情国情为主的研学旅行活动课程体系。"

冬、夏令营活动：此项活动通常在寒假、暑假进行，但营员是来自全国各地的部分学生，不具备全员参与性。

以上四类实践活动不属于研学旅行。

【思政园地】

研学旅行作为一种教育理念，是学校教育在校外的有效实践手段。作为未来的研学旅行从业人员，我们要在理解研学旅行概念和内涵的基础上，以极大的教育热情，认真贯彻党和国家的教育方针，落实"立德树人"这一根本任务。

1.3　任务实施

结合所学知识，通过查阅资料，分析我国研学旅行与春秋游、家庭亲子游、国际游学、冬夏令营的异同之处，并总结说明这些活动为什么不属于研学旅行的范畴。

【工作流程】

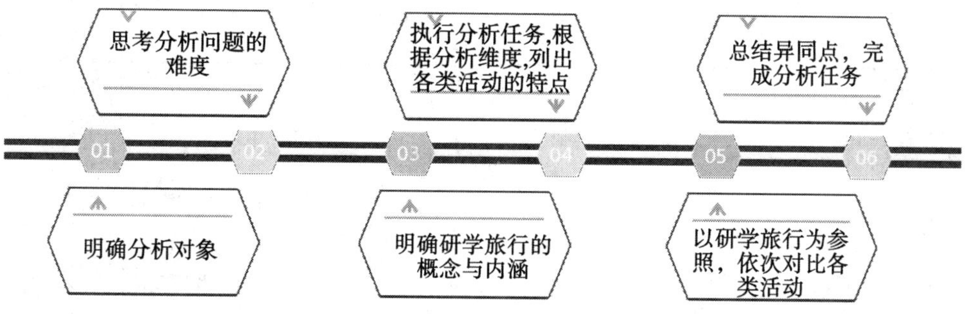

【工作要点】

本次任务可从研学旅行的概念和特征入手，从活动目的、组织方式、出行时间、活动时长、活动覆盖面等维度与其他四类活动进行对比分析。

【任务实施】

分析样表

比较维度	研学旅行	春秋游	家庭亲子游	国际游学	冬、夏令营
活动目的					
组织方式					
出行时间					
活动时长					
活动覆盖面					
总结陈述					

1.4　能力提升

【知识自测】

一、判断题

1. 研学旅行活动过程中，一定要利用校外基地，尽可能地为学生多讲授知识。(　　)

2. 家庭亲子游是研学旅行的一种形式。(　　)

二、单选题

1. 以下哪个活动属于研学旅行？(　　)

A. 冬、夏令营　　B. 国际游学　　C. 春秋游

D. 国庆期间，八年级 3 个班去西安开展三日研学游活动

2. 研学旅行(　　)。

A. 让学生多学知识,多记笔记
B. 是一次集体旅游活动
C. 以旅游资源为载体,引导学生进行探究性学习
D. 不用考虑学生的学情,不分年级,学校统一组织外出活动就行

三、多选题

1. 研学旅行的内涵包含以下哪些内容?( )
A. 家庭教育 B. 集体旅行 C. 集中食宿
D. 中小学生 E. 研究性学习

2. 研学旅行具有以下哪些特征?( )
A. 盈利性 B. 公益性 C. 教育性
D. 市场性 E. 实践性

【能力自测】

比较我国古代游学与研学旅行的异同。

古代游学 VS 研学旅行

类型	相同点	不同点
古代游学		
研学旅行		

【学习小结】

学习要点	
执行任务遇到的困难	
解决的办法	

任务2　研学旅行的构成要素

2.1　任务描述

【任务内容】

根据所学知识,调研一家承办过研学旅行活动的旅行社,咨询其承办研学旅行须具备的资质及工作人员的能力要求,比较收集到的资料与本节内容有哪些异同,完成调研总结。

【完成方式】

小组调研。

【成果形式】

文本。

码1-2　研学旅行的构成要素

2.2　知识储备

【知识点1】研学旅行的构成要素

1. 研学旅行的主体

主体是指具有社会认知和实践能力的人。《研学旅行服务规范》(LB/T 054—2016)中指出,研学旅行应面向以中小学生为主体的全体学生,保障每位学生都能享有均等参与的机会。教育部等11部门颁布的《意见》中明确指出,研学旅行的主体为小学四至六年级、初中一至二年级、高中一至二年级的在校学生。综上,我国研学旅行的主体是中小学生。

2. 研学旅行的主办方

主办方是指活动的组织方。研学旅行的主办方是指有明确研学旅行活动主题和教育目标的研学旅行组织方。根据《意见》,中小学生研学旅行的主办方为各地教育行政部门和学校。作为研学旅行的主办方,须具有法人资格,有明确的研学旅行目的与工作方案、具体的教育教学计划和完善的安全防控措施。学校可自行开展或者委托开展研学旅行。自行开展研学旅行时,学校要根据需要配备一定比例的学校领导、教师和安全员(师生比一般为1:20),也可吸收少数家长作为志愿者,负责学生活动管理和安全保障,与家长签订协议书,明确学校、家长、学生的责任和权利。根据教育部等11部门颁布的《意见》,学校委托开展研学旅行时,要与有资质、信誉好的委托企业或机构签订协议书,明确委托企业或机构承担学生研学旅行的安全责任。

3. 研学旅行的承办方

承办方负责具体实施活动，一般是受雇于主办方，与主办方有较强的合同关系。根据《中华人民共和国旅游法》《旅行社条例》等法律法规，承办研学旅行实践教育活动的第三方机构，应当取得旅行社业务经营许可证。根据《研学旅行服务规范》（LB/T 054—2016），研学旅行承办方是与研学旅行主办方签订合同、提供教育旅游服务的旅行社。旅行社需为依法注册的，有资质、信誉好的旅行社，符合《旅行社国内旅游服务规范》（LB/T 004—2013）和《旅行社服务通则》（LB/T 008—2011）的要求，宜具有《旅行社等级的划分与评定》（GB/T 31380—2015）AA 及以上等级，连续三年内无重大质量投诉、不良诚信记录、经济纠纷及重大安全责任事故。承办研学旅行活动的旅行社要设立专门服务于研学旅行的部门或专职的研学旅行人员，宜有承接 100 人以上中小学生研学旅行团队的经验，要有长期合作且信誉良好的供应方，在研学旅行活动开展前应与合格的供应方签订旅游服务合同，按照合同约定履行义务。

4. 研学旅行的供应方

研学旅行的供应方指向顾客提供各种所需资源的企业和个人。研学旅行供应方需要具备法人资质，有相应经营资质和服务能力，能够为承办方提供所需交通、食宿、研学目的地旅行接待、研学旅行课程等研学旅行中所需的资源和服务。供应方须与承办方签订合同，按照合同约定履行义务，接受承办方的调度与监督。

研学旅行的供应方可以是交通运输部门、旅游汽车公司、饭店、酒店、景区和文博场所，如自然与文化遗产地、自然保护区、风景名胜区、红色旅游景区、民族民俗景区、文物古迹、历史遗址、博物馆、纪念馆、科技馆等，还可以是公园（含动物园、森林公园、地质公园、海洋公园等）、爱国主义教育示范基地，各类研学旅行实践基（营）地等研学场所、地接社等。

5. 研学旅行的保障方

研学旅行的保障方指与研学旅行活动承办方签订合同或按照法定义务，提供风险保障的机构。如保险公司、研学旅行所在地的医院、公安局、交通运输部门、食品药品监管部门等。其中，保险公司根据所投保的险种和投保额度，分别与主办方、承办方签订保险合同，并按照合同规定履行风险保障责任。研学旅行活动所在地的医院、公安局、交通运输部门、食品药品监管部门，根据法定义务履行相关职责。在我国，研学旅行工作中涉及的保险如表 1-4 所示。

表 1-4 研学旅行工作中的保险

性质	类别	投保人	保险对象	保险责任	备注
责任保险	校方责任险	学校	取得合法资格的教育机构	在约定的保险期内,学生在学校活动中或由学校统一组织安排的活动过程中,因学校非主观过失导致注册学生人身伤害和财产损失,依法应由学校承担的直接经济赔偿责任	由学校或教育专项资金支付
	旅行社责任险	旅行社	在我国境内依法登记注册并持有旅行社业务经营许可证的公司	在约定的保险期内,因旅行社的疏忽或过失造成所接待的旅游者遭受人身伤亡及相关经济损失和其他费用,依法应由旅行社承担的经济赔偿责任	不具备旅行社业务经营许可证的公司、组织不可投保
	承运人责任险	承运人	取得合法资格的客运经营者	在约定的保险期内,因客运经营者在运输过程中发生交通事故或者其他事故,致使旅客遭受人身伤亡和直接财产损失或者危险货物遭受损失的,依法应当由被保险人对旅客承担赔偿责任	非营运客车、租赁客车不得投保该险种
意外保险	人身意外保险	主办方或承办方	65 周岁以下、身体健康、能正常工作或正常生活的自然人	在约定的保险期内,发生意外事故而导致被保险人死亡或残疾,支出医疗费用或暂时丧失劳动能力,保险公司按照双方的约定,向被保险人或受益人支付一定量的保险金	保障项目分死亡给付、残疾给付、医疗给付、停工给付
	旅游意外险	主办方或承办方	旅游者、导游、领队人员	被保险人在保险期限内,在出差或旅游的途中因意外事故导致的死亡或伤残,或保障范围内其他的保障项目,保险人应承担的保险责任	时效性强,与出行时间相对应
专属保险	研学专属险	主办方或承办方	参与研学旅行的师生	在约定的保险期内,保障内容包括紧急救援、个人责任(因过失导致第三者人身伤亡或财产直接损失依法应承担的经济赔偿责任和法律费用)、研学专属(寻找走失学生产生的广告、交通、住宿等费用补偿)、住院津贴、医疗费用、突发疾病、意外伤害	投保人投保前需征得被保险人或被保险人监护人同意

【知识点2】研学旅行中的师资

除了研学旅行的主体——中小学生,直接参与到研学旅行中的各方还包括主办方和承办方及供应方。当主办方将研学旅行委托给承办方时,主办方在研学旅行中的参与人员主要有学校代表和带队老师;有时也会配备安全员及由少数家长组成的志愿者。代表承办方的旅行社直接参与到研学旅行中的人员有项目组长、研学旅行指导师、导游、安全员及随团医生。各供应方根据与承办方签订的合同,为研学旅行提供必要的地接导游服务、场馆讲解服务、营地拓展训练及特定项目的教学工作。研学旅行师资如表1-5所示。

表1-5 研学旅行师资

委派方	岗位名称	身份	工作职责
主办方	学校代表	年级主任或与教学业务相关的学校领导	代表学校督导研学旅行课程按计划开展
	带队老师	班主任或学生管理人员	代表学校负责研学旅行学生管理工作,以及研学旅行结束后学生后续成果的展示与指导工作
	家长志愿者	少数学生家长	辅助完成学生管理和安全保障工作
承办方	项目组长	旅行社项目经理	全程随团活动,统筹协调研学旅行的各项工作
	研学旅行指导师	旅行社专、兼职研学旅行指导师	策划、设计研学旅行课程方案,具体组织实施研学旅行课程教学
	导游	旅行社专、兼职导游	代表旅行社为研学旅行的学生提供导游服务,不参与研学旅行课程教学。可由有资质的研学旅行指导师兼任
供应方	地接导游	研学目的地接待旅行社专、兼职导游人员	为研学旅行团队提供导游服务,配合相关工作人员提供研学旅行中的各类生活保障服务
	场馆讲解员	研学目的地场馆讲解员	履行场馆讲解义务
	营地教练员	研学营地专业技术人员	承担研学旅行拓展训练课程的教学工作
	特定研学项目专家	科研机构专家、非遗传承人、民间民俗艺人、文化遗产地专家等	对具有特定知识与技能的研学旅行课程进行深入讲授和指导

续表 1-5

委派方	岗位名称	身份	工作职责
主办方/承办方/供应方	安全员	专、兼职专业技术人员	负责研学旅行中中小学生的安全教育和保障工作，发生突发事件时确保师生的安全。可由有资质的研学旅行指导师兼任
	随团医生	专、兼职专业技术人员，视合同要求配备	负责研学旅行中团队成员常见病的预防与治疗，对中小学生开展生命健康教育。如遇突发疾病或意外伤害，进行急救性救助措施

在研学旅行中，各方工作人员相互配合，组成了广义上的研学旅行师资团队，保证研学旅行的顺利完成。狭义上，研学旅行师资仅指直接参与课程设计、具体负责教学组织与实施的研学旅行指导师。

【思政园地】

研学旅行是综合性很强的教育实践活动，需要各方统筹协调、形成合力。工作人员密切配合、分工合作，才能更好地发挥各自的优势和作用，保障研学旅行的顺利完成。

2.3　任务实施

【工作流程】

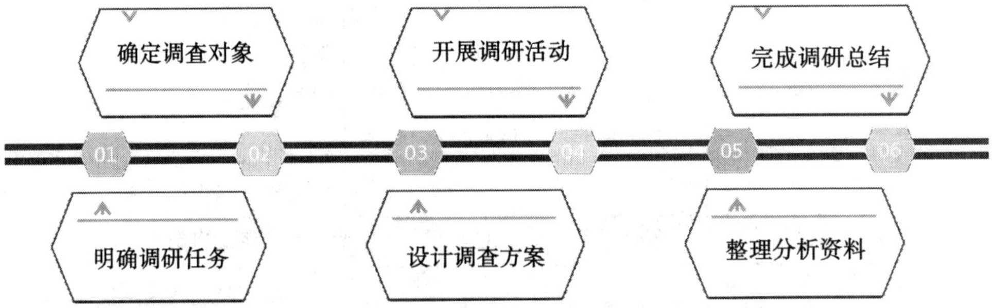

【工作要点】

调研活动开始前，要做好充分的准备工作，提前联系好要走访的旅行社，制订好包括调研目的、调研的具体任务、调研方法、调研时间等在内的调研方案。在调研活动中，注意调研的方式方法、材料收集工作的质量、礼仪和沟通技巧及团队的分工合作。调研活动结束后，要做好资料的整理与分析，做出调研结果说明，完成调研总结。

【任务实施】

调研活动样表

<table>
<tr><td>组别</td><td colspan="2"></td><td>调研日期</td><td></td></tr>
<tr><td>小组成员</td><td colspan="4"></td></tr>
<tr><td>调研企业名称</td><td colspan="2"></td><td>调研对象</td><td></td></tr>
<tr><td>调研目的</td><td colspan="4"></td></tr>
<tr><td>调研方式</td><td colspan="4">例如:实地走访、电话访问</td></tr>
<tr><td>调研工具</td><td colspan="4">例如:纸、笔、手机、录音笔……</td></tr>
<tr><td>调研地点</td><td colspan="2"></td><td>调研时间</td><td></td></tr>
<tr><td rowspan="10">调研过程记录</td><td>问题 1</td><td colspan="3">承办研学旅行活动需具备哪些资质?</td></tr>
<tr><td>回答</td><td colspan="3"></td></tr>
<tr><td>问题 2</td><td colspan="3">研学旅行中旅行社会派出哪些工作人员?</td></tr>
<tr><td>回答</td><td colspan="3"></td></tr>
<tr><td>问题 3</td><td colspan="3">旅行社有没有专职研学旅行指导师?</td></tr>
<tr><td>回答</td><td colspan="3"></td></tr>
<tr><td>问题 4</td><td colspan="3">成为研学旅行指导师需要具备哪些素质和能力?</td></tr>
<tr><td>回答</td><td colspan="3"></td></tr>
<tr><td>问题 n</td><td colspan="3">…</td></tr>
<tr><td>回答</td><td colspan="3">…</td></tr>
<tr><td>调研总结</td><td colspan="4"></td></tr>
<tr><td>教师评语</td><td colspan="4"></td></tr>
</table>

2.4　能力提升

【知识自测】

一、判断题

1. 研学旅行是一种单一的学科教学活动。(　　)

2. 研学旅行的主体是在校中小学生。(　　)

二、单选题

1. 下列属于研学旅行主办方的是(　　)。

A. 研学旅行营地　　B. 学校　　C. 旅行社　　D. 家庭

2. 下列属于研学旅行承办方的是(　　)。

A. 学校　　B. 博物馆　　C. 家庭　　D. 旅行社

三、多选题

1. 下列关于研学旅行供应方,说法正确的有(　　)。

A. 是各地教育行政部门和学校

B. 需要具备法人资质

C. 要有相应经营资质

D. 要与主办方签订合同

E. 能够提供研学旅行所需教育旅游等服务

【能力自测】

借助网络搜索引擎,搜集并整理本省的国家级、省级、市级研学旅行基(营)地。

研学旅行基(营)地名称	地点	级别	基(营)地特色

【学习小结】

本节学习要点	
执行任务遇到的困难	
解决的办法	

任务 3　研学旅行指导师

3.1　任务描述

【任务内容】

根据所学知识，完成研学旅行指导师的岗位招聘信息。

【完成方式】

小组。

【成果形式】

文本。

码 1-3　研学旅行指导师的概念与分类

3.2　知识储备

【知识点 1】研学旅行指导师的概念演进

作为研学旅行师资团队的重要构成部分，研学旅行指导师是整个研学旅行课程的具体执行人，是研学旅行活动顺利实施的关键因素，被视为“神经中枢”。根据《研学旅行服务规范》（LB/T 054—2016），研学旅行指导师是在研学旅行过程中，具体制订或实施研学旅行教育方案，指导学生开展各类体验活动的专业人员。在开展研学旅行教育活动时，至少应为每个研学团队配备一名研学旅行指导师，负责制订研学旅行教育工作计划，在带队老师、导游等工作人员的配合下提供研学旅行教育服务。

2019 年，中国旅行社协会提出并起草了《研学旅行指导师（中小学）专业标准》（T/CATS 001—2019），进一步明确并细化了研学旅行导师的岗位标准，根据研学旅行导师的职业特点，将其改名为“研学旅行指导师”，即策划、制订和实施研学旅行课程方案，在研学旅行过程中组织和指导中小学生开展各类研究学习和体验活动的专业人员。这一定义从专业的角度明确了研学旅行指导师是既懂教育又懂旅游的复合型专业技能人才。

2022 年，人社部把研学旅行指导师纳入了新版国家职业分类大典，该职业的主要工作内容包括收集研学受众需求和研学资源信息,开发研学活动项目、编制研学活动方案和实施计划,解读研学活动方案,检查参与者准备情况,组织、协调、指导研学活动项目的开展,保障安全,收集、记录、分析、反馈相关信息等。这一举措为从业者提供了身份证明,有利于增强他们的职业自豪感。2023 年 8 月,人社部公示了《研学旅行指导师国家职业技能标准(征求意见稿)》,提出研学旅行指导师是"策划、制订、实施研学旅行方案,组织、指导开展研学体验活动的人员",并将其分为四个职业技能等级。其中,四级/中级工的职业功能包括信息收集与分析、活动准备、活动实施与保障、评价与反馈等四个方面内容,三级/高级工、二级/技师、一级/高级技师的职业功能在此基础上,增加了研学活动课程设计与开发、方案编制、培训与指导等内容,技能要求与相关知识要求依次递进,高级别涵盖低级别的要求。

综上所述,研学旅行指导师的工作内容主要有策划、设计研学旅行课程,编制、组织、实施研学旅行课程方案。业务流程包括研学旅行行前、行中、行后三个阶段。

【知识点 2】研学旅行指导师的类别

以委派方和职业性质为依据,研学旅行指导师有不同的分类。

1. 按委派方划分

按委派方划分,研学旅行指导师可分为学校研学旅行指导师、承办方研学旅行指导师、供应方研学旅行指导师。

1) 学校研学旅行指导师

学校研学旅行指导师是指接受学校的委派,代表学校,负责落实研学旅行课程方案,并在主办方带队老师、供应方地接导游等工作人员的配合下,提供研学旅行教育服务的专业技术人员。学校研学旅行指导师一般具有教师资格证。

2) 承办方研学旅行指导师

承办方研学旅行指导师是指接受具有研学资质的旅行社的委派,代表旅行社,负责落实研学旅行课程方案,并在主办方带队老师、供应方地接导游等工作人员的配合下提供研学旅行教育服务的专业技术人员。如果同时承担导游的工作职责,承办方研学旅行指导师需要有全国导游资格证。

3) 供应方研学旅行指导师

供应方研学旅行指导师是指接受研学基地(营地)或研学服务供应方的委派,代表基地(营地)或第三方研学服务单位,负责落实研学旅行单元课程方案,并在主办方带队老师、承办方旅行社研学旅行指导师、其他供应方工作人员的配合下提供研学旅行教育服务的专业技术人员。供应方研学旅行指导师可以是需要承担目的地研学旅行课程教学活动的地接导游、按照工作职责履行讲解义务的场馆(景区)讲解员,也可以是基(营)地教练员,或具有专业知识、特殊技能等的专家学者、民间艺人等。

2. 按职业性质划分

按职业性质划分,研学旅行指导师可分为专职研学旅行指导师和兼职研学旅行指导师两大类。

1) 专职研学旅行指导师

专职研学旅行指导师是指被学校或其他研学旅行企业固定聘用,以研学旅行教育服务工作为谋生职业的专业人员。这类研学旅行指导师是学校、旅行社、研学基(营)地、研学旅行教育机构的正式员工,专职履行研学旅行教育服务,与聘用单位签订了正式的劳动合同,由所在单位支付劳动报酬,缴纳各类保险费用。

2)兼职研学旅行指导师

兼职研学旅行指导师是指被学校或其他研学旅行企业临时聘用,不以研学旅行教育服务工作为谋生职业的专业人员。此类研学旅行指导师通常具有特定知识或技能,或职业资格证,在业余时间被临时委派从事研学旅行教育服务工作。前者如科研机构的专家学者、艺术家、工匠艺人、非遗传承人等。这类研学旅行指导师也被称为项目专家,他们的专业水平和技能是学校教师、旅行社研学旅行指导师无法替代的,是开展专业化研学旅行课程的有力师资保障。后者如具有研学旅行指导师资格证或研学旅行策划与管理证书、导游资格证、教师资格证、教练员证等,接受过研学旅行的专业培训,在学校、旅行社、研学基(营)地、研学机构兼职从事研学旅行教育工作的专业技术人员。

【知识点3】研学旅行指导师的职业素养

1. 政治素养

坚定正确的政治方向和信仰是从事研学旅行工作的根本前提。

研学旅行的根本任务是立德树人,帮助中小学生了解国情、热爱祖国、开阔眼界、增长知识,着力提高他们的社会责任感、创新精神和实践能力,培养他们成为德、智、体、美、劳全面发展的社会主义建设者和接班人。作为研学旅行课程的实施者,研学旅行指导师在研学旅行中起主导作用,是保证研学旅行育人质量的关键因素。为保证研学旅行的育人效果,研学旅行指导师必须严格要求自己的言行,在思想上树立正确且坚定的政治方向、政治立场、政治观念、政治态度和政治信仰。在研学旅行课程的开发设计、组织实施环节,自觉维护党和国家的领导,坚持党的方针和政策,维护国家和民族的尊严,带头践行社会主义核心价值观,弘扬真善美,传递正能量,不发表错误观点、不编造散布虚假信息和不良信息,不出现损害国家利益、社会公共利益或违背社会公序良俗的行为。

码1-4 研学旅行指导师相关知识

2. 知识素养

想要成为一名合格的研学旅行指导师,必须具备丰富而广博的知识。这是从事研学旅行工作的基础。

1)研学旅行知识

研学旅行指导师在开发设计研学旅行课程时,需要熟悉研学旅行相关的各级各类指导性文件、政策,以及服务规范、专业标准等,以便在国家方针政策的指导下,规范开展研学旅行活动;掌握研学旅行课程设计的理论基础、策略及原则,掌握研学旅行课程组织与实施的知识;掌握研学旅行中的安全管理与保障知识,熟悉法律风险与防范措施,熟悉安全防护救护知识与应急常识;熟悉研学旅行市场环境,掌握本旅行社业务范围内相关目的地、研学基(营)地的情况,熟悉旅游知识和旅游服务原则。

2)教育学知识

了解中小学教育教学理论;熟悉学生的认知规律;了解中小学生课程标准、课程结构、课程类型、教学目标等;熟悉中小学生综合实践活动的基本内容;熟悉中小学生德育教育、劳动教育等的开展情况;熟悉营(基)地教育知识;掌握课程教学知识。

3)心理学知识

研学旅行的主体是中小学生,因而熟悉青少年相关心理学知识是必要的。研学旅行指导师需要掌握的心理学知识包括了解青少年心理教育知识、熟悉教育心理学的基本原则和方法、熟悉中小学生的基本学习规律、了解中小学生的心理发展规律。

4)法律法规知识

法律法规知识是一名合格的研学旅行指导师必备的知识之一,而知法、懂法、用法、护法是衡量研学旅行指导师工作水平的重要尺度之一。研学旅行指导师需要掌握的法律法规知识包括《中华人民共和国未成年人保护法》《中华人民共和国预防未成年人犯罪法》《中华人民共和国教育法》《中华人民共和国侵权责任法》《中华人民共和国旅游法》《中华人民共和国食品安全法》《学生伤害事故处理办法》《中华人民共和国民法典》,以及酒店管理、车辆运输、航空等相关行业的法律法规知识。

5)博物通识知识

博物是动植物、矿物、生理等学科的统称。通识知识泛指各类科学文化知识。研学旅行是具有跨学科性的综合实践课程,2016 年教育部等 11 部门发布的《意见》提出,根据小学、初中、高中不同学段的研学旅行目标,研学旅行应开发自然类、历史类、地理类、科技类、人文类、体验类等多种类型的活动课程。2016 年发布的《研学旅行服务规范》(LB/T 054—2016)站在旅游市场的角度,又将研学旅行分为知识科普型、自然观赏型、体验考察型、励志拓展型以及文化康乐型等五类产品。

为了更好地实现研学旅行课程教学目标,研学旅行指导师需要掌握乡情、省情、国情,以及各类非物质文化遗产、民族风俗,熟悉自然、地理、人文历史、社会科学等知识,熟悉与研学主题和研学旅行课程相关的学科知识。

6)商务礼仪知识

目前,来自承办方的研学旅行指导师大多受雇于旅行社,旅行社是一个与人打交道的行业,而研学旅行指导师是策划、设计、实施研学旅行课程方案,并具体组织实施整个研学旅行的专业技术人员,是串联研学旅行活动各方的主线,这就要求研学旅行指导师必须掌握一定的商务礼仪知识。这些知识对于提高研学旅行课程质量、塑造旅行社的良好形象、增强旅行社的竞争力有着重要的意义。

7)信息技术知识

随着互联网的广泛流行和通信技术的迅猛发展,研学旅行指导师可通过搜索引擎和互联网获得大量的信息。此外,课程方案的设计、修改与完善也需要借助现代化信息技术和电脑完成。这就要求研学旅行指导师必须具备一定的计算机基础知识和操作技能。

研学旅行指导师需要掌握的计算机基础知识与操作技能包括计算机基础操作知识,Word、Excel、PowerPoint 操作技能,网络应用知识等。

3. 职业道德素养

职业道德是指从事各行各业的劳动者在职业活动中必须共同遵守的道德规范和行为准则。《中共中央关于加强社会主义精神文明建设若干重要问题的决议》规定了各行各业都应共同遵守的职业道德的五项基本规范。研学旅行具有教育性,作为研学旅行课程的实施者，研学旅行指导师须遵守《新时代中小学教师职业行为十项准则》。根据这两份文件精神，研学旅行指导师的职业道德素养有以下几个方面。

（1）爱岗敬业。爱岗敬业是职业道德中最基本、最基础、最普通的要求。从设计研学旅行课程、组织实施研学旅行课程，直至行程结束后的收尾工作，都需要研学旅行指导师注重细节、动态管理。因此，研学旅行指导师必须具有敬业精神，恪尽职守，因材施教。

（2）公平诚信。诚实守信是做人的基本准则，也是社会道德和职业道德的基本规范。研学旅行指导师与研学旅行的主体、主办方、供应方及其代表的旅行社工作人员联系频繁。在每一个环节，都需要坚持原则，处事公道，光明磊落，为人正直，将研学旅行指导师的工作保质保量地完成。

（3）关爱学生。在研学旅行中，真心关爱学生，做学生的良师益友，维护学生的合法权益；尊重学生个体差异，不歧视、侮辱学生，为人师表，以身作则。

（4）保障安全。在研学旅行中，增强安全意识，加强安全教育，保护学生安全，防范事故风险，始终把学生的安全放在首位。

4. 能力素养

研学旅行是研究性学习和旅行体验相结合的校外教育活动，因而，研学旅行指导师要具备旅游和教育领域的双重能力素养。作为研学旅行课程教学的主要参与人，研学旅行指导师要具备学校教师的语言表达、教育教学和课程研发等综合素养。作为研学旅行行程策划与安排的执行者，还应具有旅行社工作人员的信息采集、灵活应变、开拓创新、沟通谈判、组织协调、文案写作、计划执行、安全防控等能力。

具体而言，研学旅行指导师需要在研学旅行行前，与主办方建立沟通渠道，为学校提供研学旅行课程方案，做好研学旅行课程教学的物资准备，与旅游景区、文博场所、基（营）地等供应方合作洽谈；在研学旅行行中阶段落实教学内容，做好学生的组织与管理以及紧急情况的预警与处理；在研学旅行行后阶段做好课程的总结与评价，完成对各供应方的评估。

【知识点4】研学旅行指导师的职业能力

职业能力是人们从事某种职业的多种能力的综合。研学旅行指导师具备相应的职业能力，才能胜任工作岗位。研学旅行指导师的职业能力主要体现在以下几个方面。

码1-5　研学旅行指导师技能

1. 课程设计能力

在教育中，教师与课程密切相关，教师课程设计能力的高低直接影响教学的质量和水平。根据研学旅行的概念内涵，研学旅行课程设计能力是研学旅行指导师在研学旅行课程设计理论的指导下，以研学旅行课程教学的根本目的为出发点，针对不同学段的中小学生，围绕研学旅行的课程主题、课程目标、课程内容、课程资源、教学方式、教学方法、课程评价等各个环节，对研学旅行课程做出的规划与设计，从而实现学校教育与校外实践有机结合、活动与知识结合、逻辑思维与实际应用结合。

2. 课程教学能力

1）语言教学能力

课堂教学语言是教师传授知识、培养学生能力、开发学生智力、陶冶学生情操、实现教育目标的主要工具。研学旅行指导师通过语言能力将知识、技能以及情感价值观等传递给学生，学生通过指导师的语言，理解、接收研学旅行中的信息，完成反馈沟通。一名合格的研学旅行指导师，要善于沟通，语言准确，具有示范性，表达通俗生动、风趣幽默，思维连贯、富有条理性和层次感，以便在教学过程中引起学生的注意，激发学生的学习兴趣。

2)课程组织与实施能力

研学旅行课程组织与实施能力指把拟定的课程方案在教学场景中付诸实施的能力，它决定了研学旅行课程实施水平的高低。研学旅行指导师全程带领学生参与研学旅行各项活动，具体负责课程实施工作，要落实每日教学计划。因此，良好的课程组织与实施要求研学旅行指导师具有充分而广博的知识储备、灵活而有条理的教学思维、一定的沟通技巧和高超的教学能力。此外，研学旅行指导师需提前熟悉课程线路，对地接导游和讲解员的单元主题课程讲解进行适当补充，确保课程内容的落实。

3. 课程管理能力

研学旅行活动课程是一种校外综合实践活动，研学旅行指导师需要在开放环境中进行课程教学。这一特点需要研学旅行指导师具备相应的课程管理能力及安全管理能力。

1)行前课程管理

与项目组长配合，做好和主办方、供应方、保障方的沟通联系，准备开展研学旅行课程所需物资，进行研学旅行课程的线路勘查。根据主办方的要求，以及供应方的资源情况，修订、完善研学旅行课程方案。

为主办方提供必要的行前课程，包括与本次研学旅行相关的专题知识讲座、课程资源介绍、安全教育等。

2)行中课程管理

全面负责对学生进行包括集合、住宿、途中、用餐、参观、学习在内的日常教学管理，具备研学旅行安全管理能力，熟悉应急预案，能处理突发事件。如遇紧急事件，能及时采取应对措施并向项目组长汇报；启动应急预案时，能严格按照工作流程履行职责。

码 1-6　属于研学旅行指导师的一条路

3)行后课程管理

协助主办方完成研学旅行行后课程。结合研学旅行课程的实施情况，完成课程设计总结。从课程的准备和实施两个阶段完成课程实施总结及安全管理总结。完成对供应方的工作评估。

【思政园地】

研学旅行指导师是研学旅行课程的策划、组织和具体实施者。为落实研学旅行“立德树人、培养人才”的根本目的,培养中小学生成为德、智、体、美、劳全面发展的社会主义建设者和接班人,研学旅行指导师在思想上应具有政治高度、职业理想和敬业精神。

3.3 任务实施

【工作流程】

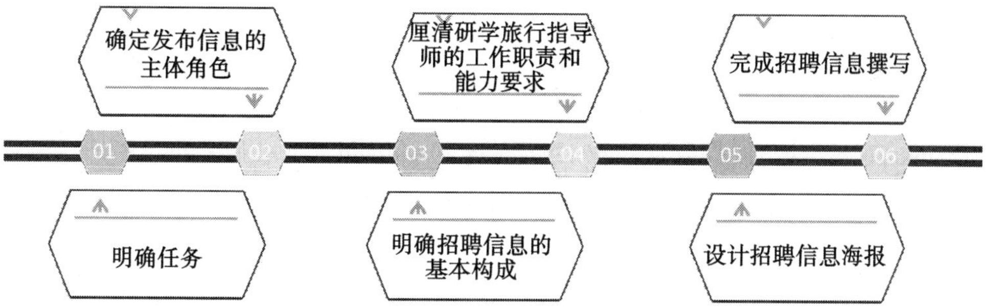

【工作要点】

撰写研学旅行指导师的招聘信息,要先选择发布招聘信息的主体[学校、旅行社、研学基(营)地]。招聘信息要包括招聘方信息、招聘岗位描述、任职资格、岗位要求、岗位职责和薪资待遇等方面的内容,此外还要注意招聘海报的版面设计。

【任务实施】

招聘(海报题目可自拟)

招聘方名称:________________________________

岗位描述:________________________________

____

任职资格:________________________________

____

____

岗位职责：____

____

____

____

岗位要求：____

____

____

薪资待遇：____

____

____

____

应聘电话：____

____

应聘地址：____

____

3.4 能力提升

【知识自测】

一、判断题

1. 按照就业方式划分，研学旅行指导师可分为学校研学旅行指导师、承办方研学旅行指导师、供应方研学旅行指导师。（　　）

2. 研学旅行指导师需要具备一定的语言教学能力。（　　）

二、单选题

1. 承办方研学旅行指导师指接受具有研学资质的旅行社的委派，代表(　　)，负责落实研学旅行课程方案。

A. 研学旅行基(营)地　　B. 旅行社　　C. 学校　　D. 家庭

2. 研学旅行指导师的职业素养除政治素养、知识素养、职业道德素养外，还包括(　　)。

A. 法律意识　　B. 博物通识　　C. 心理素质　　D. 能力素养

三、多选题

1. 研学旅行指导师的职业能力主要包括(　　)。

A. 计划执行能力　　B. 课程设计能力

C. 课程教学能力　　D. 组织协调能力

E. 课程管理能力

【能力自测】

请大家根据所学知识，借助书本、网络等资源，归纳出优秀的研学旅行指导师在工作中值得我们学习的地方。

项目	优秀的研学旅行指导师
对待问题的态度	
执行力	
在工作内容安排方面	
与合作方沟通	
职业生涯规划	

【学习小结】

学习要点	
执行任务遇到的困难	
解决的办法	

【项目评价】

请按照评价类别，分别在下表对应的等级下打"√"。

评价类别	评价项目	评价指标	A	B	C	D
自我评价	学习态度	能认真听讲，积极参与课堂讨论，按时完成学习任务				
	合作能力	能积极参与小组学习，与小组成员团结协作，共同完成任务				
	任务完成	1. 能分辨出研学旅行与其他综合实践活动、旅游产品等的不同之处				
		2. 能通过调研，获得旅行社承办研学旅行需具备的资质和相关工作人员的能力要求				
		3. 能借助网络搜索引擎，完成资料的搜集整理				

评价类别	评价项目	评价指标	A	B	C	D
小组评价	合作态度	能积极参与小组合作学习,能互相尊重,能倾听别人的意见				
	团队意识	能互帮互助,共同学习,有团队合作意识				
	团队协作	有明确的分工,能共同制订计划,互相配合完成任务				
教师评价	道德品质	对老师有礼貌,能关心帮助同学,正直守信,集体荣誉感强				
	自我管理	能遵守课堂纪律,按时出勤,无迟到早退现象,能约束自己的言行				
	学习态度	能认真听课,学习目标明确,学习态度主动,能按时完成学习任务				
	课堂表现	求知欲强,勤学好问,能有条理地表达自己的观点和意见				
	创新意识	能积极思考,善于发现问题、分析问题,并提出解决方法				
	合作能力	能积极参与小组活动,能为实现集体目标付出努力,能与他人合作共同完成任务,能共享资源和成果				
	实践能力	具备收集、处理信息和获取新知识的能力。思维活跃,敢于探索,善于积累。有一定应变能力和自主学习能力				

注:评价等级 A 为优秀;B 为良好;C 为一般;D 为以上三点均不符合,需努力。

【项目自测】

项目1　知识自测

项目2　研学旅行课程设计基础

【项目导学】

从项目1我们得知,研学旅行本质上是一项重要的教育活动。在教育教学工作中,课程教学是核心,作为学校教育和校外教育衔接的创新形式,研学旅行以校外综合实践活动为教育的主阵地。因而,研学旅行的核心便是做好课程设计。

进行研学旅行课程设计之前,我们需要先熟悉课程设计的理论,理解研学旅行课程的类型,掌握研学旅行课程设计的要素。

【学习目标】

知识目标	1. 了解研学旅行课程设计的重要理论; 2. 熟悉研学旅行课程设计的概念与原则; 3. 掌握研学旅行课程设计的要素; 4. 理解研学旅行课程的类型
能力目标	1. 能够分清不同研学旅行课程分类的标准; 2. 能够应用研学旅行课程设计的要素,做好课程设计的准备工作
素质目标	培养爱岗敬业、公平诚信的职业道德感

【情境导入】

学完项目1的内容,小张想要成为一名研学旅行指导师的决心更加坚定。通过学习,小张了解到,要开展研学旅行课程,首先要在一定的课程设计理论指导下设计出相应的课程。现在,小张面临的问题是:

1. 研学旅行课程设计的理论有哪些?
2. 研学旅行课程设计的要素是什么?
3. 研学旅行课程的类型有哪些?

请你根据在项目2中获得的信息,帮助小张在成为研学旅行指导师的路上继续通关。

【任务导航】

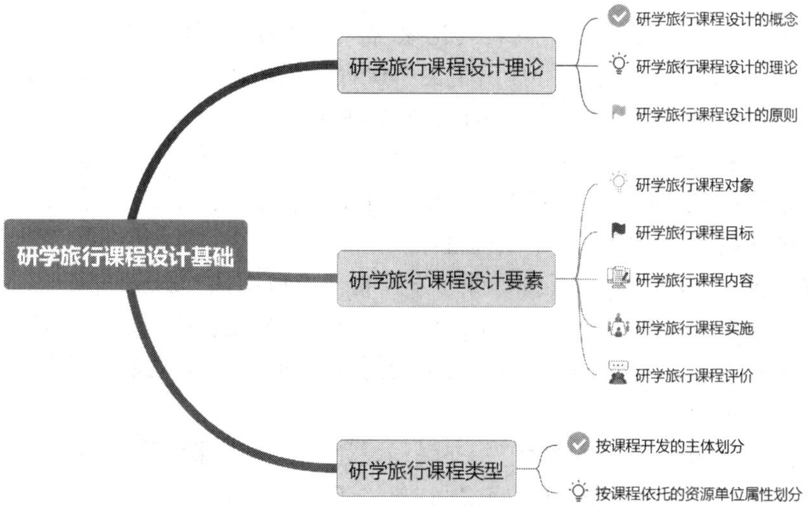

任务 1　研学旅行课程设计理论

1.1　任务描述

【任务内容】

请用思维导图画出泰勒的课程设计理论。

【完成方式】

个人。

【成果形式】

思维导图。

码 2-1　研学旅行课程设计理论概述

1.2　知识储备

【知识点 1】研学旅行课程设计的概念

课程设计是以一定的课程观为指导，制定课程标准、选择和组织课程内容、预设学习活动方式的活动。研学旅行课程是研究性学习和旅行体验相结合的校外教育活动，作为教育教学的重要内容，研学旅行课程是研学旅行活动的核心。作为学校教育和校外教育相衔接的创新形式，研学旅行课程的综合性、跨学科性与实践性特征突出，教学环境具有情景化和动态化的特点。

综上所述，研学旅行课程设计是以研学旅行课程设计相关理论为基础，针对研学对象，设定课程主题，明确课程目标，开发课程资源，设计课程内容，并以一定的教学手段预设课程实施过程和评价标准的计划性方案，具有预设性。

【知识点 2】研学旅行课程设计的理论

课程设计理论是进行课程设计的指导思想和理论依据。研学旅行课程设计的相关理论以泰勒现代课程理论和多尔后现代课程理论为典型代表。

1. 泰勒现代课程理论

泰勒是美国著名的教育学家、课程理论家，被称为“课程评价之父”，他在1949年出版的《课程与教学的基本原理》中，提出了关于课程编制的四个问题。泰勒认为，一个完整的课程编制过程应包括这四个方面的活动，即确定目标、选择经验、组织经验、组织评价，被人们称为“泰勒原理”。

确定课程目标：泰勒提出，课程设计者应根据学习者本身的需要、当代校外生活的要求以及专家的建议三个方面来确定课程目标。

选择课程内容：根据“泰勒原理”，课程设计者需要根据课程目标选择课程内容。课程内容必须使学生有机会去实践目标中所包含的行为且在实践上述行为时有满足感，所选择的学习经验或内容应在学生能力所及范围内，且多种经验可用来达到同一目标，同一经验也会产生数种结果。

根据目标组织课程内容：泰勒认为，在课程设计上要围绕课程目标，使学生有重复练习和提高所学技能的机会，课程知识点之间要有纵向衔接关系和横向联系。

根据目标评价课程：泰勒认为，评价是课程编制的一项重要工作。它既要揭示学生的学习效果是否实现了整体课程目标，又要评估课程实施的长处与弱点。

泰勒的现代课程理论能够帮助研学旅行指导师完成宏观层面的课程框架设计，以保证研学旅行课程的预设性、规范性、操作性、科学性等特点。

2. 多尔后现代课程理论

后现代主义的课程观更关注学习过程中个人发展的过程，在众多的课程理论研究中，美国后现代主义课程理论学家多尔的后现代主义课程观的影响最为突出。

多尔后现代主义课程标准可概括为“4R”，即丰富性、循环性、关联性及严密性。

丰富性：与课程的深度，课程作为载体的意义，以及课程的多种可能性或解释有关。多尔认为，每门学科都会以自己的方式解释丰富性。

循环性：一种内容丰富且复杂的课程往往是需要提供各种机会才能掌握的。循环性旨在发展能力，其框架是开放的。

关联性：教育方面，强调建构课程结构时要强调内在关系；文化方面，强调课程之外的文化关联性。

严密性：多尔认为，课程设计与实施具有不确定性和解释性，课程是师生共同探索新知识的发展过程。

多尔后现代课程理论能够帮助研学旅行指导师完成微观层面的课程个性化设计，以突出研学旅行课程的选择性、开放性、交互性、建构性等特点。

【知识点3】研学旅行课程设计的原则

课程设计是一项系统性工作，在进行研学旅行课程设计时，需要遵循一定的原则。

1. 整体性原则

首先，研学旅行课程设计具有整体性，课程设计包括研学对象、研学目标、研学内容和方法，以及课程评价等要素，各要素组成了研学旅行课程这一整体，在研学旅行课程设计中，必须有一个全面的规划。其次，研学旅行各个要素之间具有关联性，如研学目标要通过研学内容、研学资源、研学方法来实现,且目标的达成度要靠课程评价来衡量,反过来,研学内容、研学资源、研学方法、评价手段要以研学目标为指挥棒。因而,在做课程设计时,要遵循整体性原则。

码 2-2　研学旅行课程设计原则

2. 模块化原则

一个完整的研学旅行课程设计方案,围绕课程总目标,可分为若干个单元课程模块,每一个单元课程体现课程总目标的部分内容。为了让单元课程目标更加明确并具有可操作性,课程设计应当模块化。

3. 多元化原则

研学旅行课程由多个单元课程组成。在每一个研学旅行课程中,围绕教学总目标,通过开发主题多元化的单元课程模块,可以让学生有多种机会在不同情景中应用他们所学的知识,激发探索精神,培养创新能力。此外,课程评价设计也要多元化。不仅包括对学生的评价、对课程的评价、对承办方的评价,也包括对学生在旅行过程中的表现和研学成果的综合评价。

4. 开放性原则

研学旅行指导师设计研学旅行课程时,为了充分体现学生的主体性,应当考虑学生的知识基础、兴趣爱好等实际情况,结合学生的认知规律和学习发展能力,并根据现有课程资源、自身经验等,为不同类型的学生设计不同的学习内容和教学形式,给学生充分自由的发展空间和多样化的课程选择。也可采用多种形式开展研学旅行活动,通过开放学习过程,让学生掌握研学旅行课程的主动性。

5. 实践性原则

研学旅行是学校理论教育与校外实践教育相结合的教育教学形式。区别于学校的学科课程教学,研学旅行课程在实施过程中,要引导学生在校外情境化的教学场景中发现问题、解决问题。研学旅行动态化、情景化的教学环境突出了课程的实践性。因而,在进行课程设计时,要确保课程设计的可操作性,同时因地制宜依托不同生活环境,调动学生多种感官,让学生在体验性旅行中达成课程教学目标,提高实践能力。

【思政园地】

课程设计是研学旅行的核心。其指导思想是立德树人、培养人才。在做课程设计时,研学旅行指导师主要解决培养什么人、怎样培养人、为谁培养人这个根本问题。

1.3 任务实施

【工作流程】

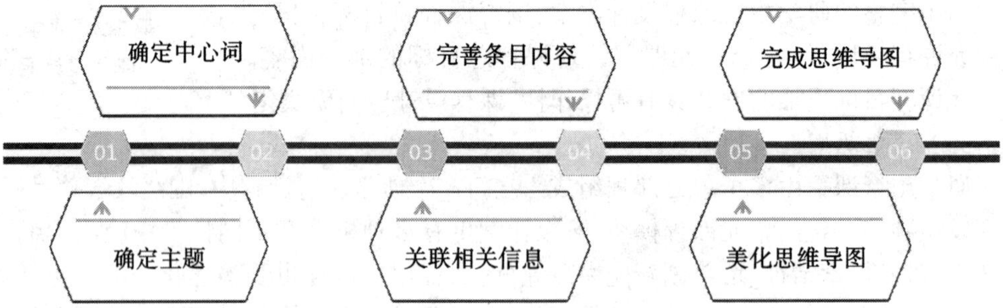

【工作要点】

在用思维导图画泰勒的课程设计理论时,首先要总结出泰勒课程理论的核心要点,确定中心词,完成一级主题的撰写。接着围绕中心词,关联相关的信息,完成二级主题撰写。其次,在此基础上,详细分析,补充完善三级条目,以此类推。在做完思维导图之后,根据内容和个人喜好对各部分进行美化处理,如整体布局、字体、颜色、大小等。最后,以任意形式保存即可。

【任务实施】

思维导图的绘制与个人爱好和审美相关,格式不限,但内容须包含却不限于"泰勒原理"的核心内容及各自的特点,以及该理论对研学旅行课程设计的启发等信息。

1.4 能力提升

【知识自测】

一、判断题

1. 研学旅行课程作为一门新兴的学科，与学校传统学科相比，基本没发生太大的变化，研学旅行课程设计的内容没有特殊性。(　　)

2. 研学旅行课程设计要素之间相对独立，但又相互关联。(　　)

二、单选题

1. 课程设计是整个研学旅行过程的(　　)。

A. 实施预案　　B. 执行方案　　C. 设计过程　　D. 教学过程

2. 被誉为教育史上的“课程评价之父”的美国著名课程理论家是(　　)。

A. 布鲁纳　　B. 施瓦布　　C. 泰勒　　D. 多尔

三、多选题

1. 研学旅行课程设计的原则有(　　)。

A. 整体性原则　　B. 开放性原则　　C. 实践性原则

D. 多元化原则　　E. 模块化原则

【能力自测】

在研学旅行课程设计的五大原则中，给你触动最深的是哪一个？为什么？

____

____

____

____

【学习小结】

学习要点	
执行任务遇到的困难	
解决的办法	

任务2　研学旅行课程设计要素

2.1　任务描述

码 2-3　研学旅行课程设计要素

【任务内容】

分析研学产品案例,找出研学旅行课程设计的要素。

【完成方式】

个人。

【成果形式】

文本。

2.2　知识储备

【知识点 1】研学旅行课程对象

研学旅行课程旨在帮助中小学生了解国情、热爱祖国、开阔眼界、增长知识,着力提高他们的社会责任感、创新精神和实践能力。其教学对象是全国在籍在校的中小学生。在研学过程中,学生处于研学旅行活动的主体地位,研学目标的完成情况通过学生的研学效果及其行为和情感变化反映出来。为了做好研学旅行工作,必须认真分析、了解学生的情况,掌握他们的一般特征和基本能力。在进行课程设计时,研学旅行指导师要根据不同学段的学生特点和地域特色,突出课程的差异性和层次性,逐步建立研学旅行课程体系,如表 2-1 所示。

表 2-1　针对不同学段研学对象的课程设计要求

设计指标	具体要求
学生学段	研学旅行课程一般安排在小学四至六年级、初中一至二年级、高中一至二年级
活动范围	小学阶段以乡土乡情为主,初中阶段以县情市情为主,高中阶段以省情国情为主。随着年级增高,活动空间和地域可以逐步扩大
学习难度	在知识深度和综合程度上有所不同,在学习方式的选择上各有侧重,在学习成果要求上也有所不同。小学生要以体验、感悟、观察为主,进而完成学习日志;初中生可以做小课题、小论文、实验报告;高中生可以尝试运用文献、实验、测量、走访等多种研究方法,做出完整的研究报告并提出对策或建议

【知识点2】研学旅行课程目标

课程是实现教育目的的中介,课程目标是课程本身要实现的具体目标和意图。研学旅行课程设计的目的是优化实现研学旅行预期的课程目标。首先,根据教育部等11部门颁布的《意见》,研学旅行以立德树人、培养人才为根本目的,这一教育目的和培养目标要通过课程目标得到体现。其次,在研学旅行课程中,学生应该掌握的知识和技能,要培养的情感、态度和价值观,也要通过具体的、可操作、可测量的教学目标表达。最后,在研学旅行课程中,资源的选择、教学内容的编排和教学方式方法的选择,均需紧紧围绕课程目标展开。总之,课程目标是确定课程内容、教学目标和教学方法的基础,是整个课程设计中最关键的要素。

【知识点3】研学旅行课程内容

课程内容是达成课程目标的基础和载体。研学旅行的课程内容是研学旅行指导师开展研学旅行活动,学生旅行参观、考察和体验学习的载体,是学生学习的对象。研学旅行课程内容可具象化为学习任务,体现着学习资源承载的文化、技术、科学原理,反映着课程传递的思想与价值观。课程内容的学习过程和结果是评价的主要对象,课程内容的选择和组织直接影响研学旅行课程的质量和水平。因此,课程内容是课程设计的重点环节。

【知识点4】研学旅行课程实施

课程实施是实现预期教育结果的手段。研学旅行课程实施是为了完成预定课程目标、实现课程内容而在研学旅行中针对课程对象采用的方式和方法,解决的是“怎么实现”的问题。在课程设计视域中,研学旅行课程实施的手段是研学过程的综合解决方案,是保证研学目标实现的有效途径。在课程实施过程中,研学旅行指导师采用小组合作、交流讨论、动手操作、劳动体验、设计制作等方式、方法指导学生具体实践提前编制好的课程方案,并根据师生互动的实际情况动态调整,学生则通过体验性旅行和研究性学习完成学习任务。

【知识点5】研学旅行课程评价

课程评价是评判教学是否实现教育目的、实现程度如何的依据和标准,解决的是“是否实现”的问题。通过课程评价,可以判定课程设计的效果,据此作出改进课程的决策。研学旅行课程评价也是一个价值判断的过程,它根据研学旅行课程目标,对照课程设计方案,通过可测量、可操作性、具体客观的评价指标与评价方法等,对研学旅行课程内容、教学方法、实施过程及教学效果等要素给予反馈评估,并促进完善研学旅行工作。

对课程评价的对象而言,研学旅行课程评价应该包括对学生的评价、对课程的评价、对各责任方(包括主办方、承办方、供应方等)的评价及对研学旅行指导师的评价。课程评价的方式是多样的,它既可以是定量评价,也可以是质性评价。

研学旅行除一般的课程要素外,还包括一些研学旅行课程的特殊要素,如安全防范措施、安全注意事项、应急预案等安全保障和安全教育内容。总之,研学旅行是动态的,涉及的许多因素是变化的,研学旅行课程设计工作应在科学的基础上灵活应变、创造性地进行。

【思政园地】

研学旅行课程设计是一项系统性工作,包括课程对象、课程目标、课程内容、课程实施以及课程评价等五大要素。研学旅行指导师在进行课程设计时,既要考虑课程设计的理论依据和基本原则,还要因地制宜、因材施教,从而使设计出的研学旅行课程更加符合实际需要。

2.3 任务实施

【工作流程】

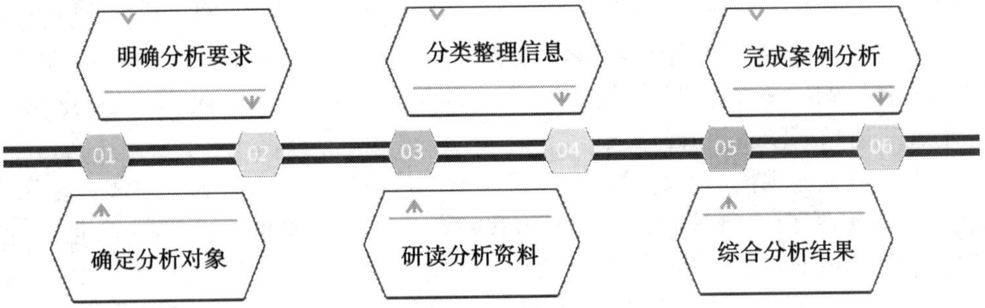

【工作要点】

研学旅行指导师在做课程案例分析时,要从教学案例情景中归纳问题并进行分析。要着重于该案例对课程设计的启示,即该案例的特色是什么,不足又有哪些?今后做课程设计时,哪些地方可以借鉴?

【任务实施】

研学旅行课程案例分析——家乡的自然资源调查

自然资源是自然环境的组成部分,更是人类赖以生存和发展的基本物质条件。通过组织七年级学生开展家乡的自然资源调查,借助网络信息检索、查阅书籍杂志、访问当地居民等方式,让学生了解家乡的自然资源的分布和利用现状,形成正确的资源观、环境观和可持续利用自然资源的观念。

自然资源的调查须分组完成,在矿产资源、水资源、生物资源、气候资源、土地资源中,每组选择一个调查主题。调查完成后分组进行成果展示,展示包括但不限于调查表、文字报告、PPT、照片、视频。每组展示结束后,由其余小组、个人、教师分别对此作出评价。

请根据以上案例,完成下列信息的填写。

序号	课程设计要素	案例信息
1	课程对象	
2	课程目标	
3	课程内容	
4	课程实施	
5	课程评价	
对我的启发		

2.4　能力提升

【知识自测】

一、判断题

1. 研学旅行作为一种活动课程,在进行课程设计时不必考虑研学对象。(　　)

2. 研学旅行的对象是学生。(　　)

二、单选题

1. 下面哪个要素是研学旅行指导师开展研学旅行课程、学生学习知识的载体(　　)。

A. 研学旅行主体　　B. 研学旅行评价

C. 研学旅行内容　　D. 研学旅行实施

2. (　　)是研学旅行的灵魂。

A. 研学旅行课程目标　　B. 研学旅行课程主题

C. 研学旅行课程方法　　D. 研学旅行课程内容

三、多选题

1. 研学旅行课程的基本要素包括(　　)。

A. 研学旅行课程对象　　B. 研学旅行课程实施

C. 研学旅行课程目标　　D. 研学旅行课程内容

E. 研学旅行课程评价

【能力自测】

在研学旅行中,如何通过研学旅行课程培养学生的世界观?请举例说明。

【学习小结】

学习要点	
执行任务遇到的困难	
解决的办法	

任务3　研学旅行课程类型

3.1　任务描述

码2-4　研学旅行课程类型

【任务内容】

分析、总结研学旅行六大类课程的特点,并结合家乡资源,列举出至少一个某类课程的研学旅行活动。

【完成方式】

个人。

【成果形式】

文本。

3.2　知识储备

【知识点1】研学旅行课程的分类依据

综合实践课程是我国义务教育和普通高中课程方案中规定的必修课程之一,它与学科课程并列设置,二者都是基础教育课程体系的重要组成部分。根据教育部2017年发布的《中小学综合实践活动课程指导纲要》,研学旅行课程是综合实践活动课程的重要内容,是考察探究活动的一种活动方式。从研学旅行课程实施的角度,考察探究、社会服务、设计制作、职业体验等综合实践活动方式也可以是研学旅行的教学方式，如表 2-2 所示。

表 2-2　学科课程 VS 综合实践活动课程

<table>
<tr><td rowspan="2">学段</td><td colspan="2">基础教育课程体系</td></tr>
<tr><td>学科课程</td><td>综合实践活动课程</td></tr>
<tr><td>小学</td><td>语文、数学、英语、道德与法治、科学、音乐、美术、劳动教育、体育与健康、安全教育、信息技术等</td><td rowspan="3">考察探究（如研学旅行）、社会服务、设计制作、职业体验</td></tr>
<tr><td>初中</td><td>语文、数学、外语、道德与法治、历史、地理、物理、化学、生物、音乐、美术、体育与健康等</td></tr>
<tr><td>高中</td><td>语文、数学、外语、思想政治、历史、地理、物理、化学、生物、音乐、美术、体育与健康、信息技术、通用技术等</td></tr>
</table>

根据不同的分类标准，研学旅行课程的类别也各不相同，如表 2-3 所示。

表 2-3　研学旅行课程的类别

序号	划分依据	课程类型
1	课程的实施模式	主题式研学旅行课程、探究式研学旅行课程、体验式研学旅行课程
2	课程的层级性	国家研学旅行课程、地方研学旅行课程、学校研学旅行课程
3	课程开发的主体	主办方、承办方、供应方分别研发的课程
4	课程依托的资源单位属性	自然生态类、优秀传统文化类等六大类型课程
5	教育部等 11 部委下发的文件	自然类、历史类、地理类、科技类、人文类、体验类等多种类型活动课程
6	原国家旅游局行业标准	知识科普型、自然观赏型、体验考察型、励志拓展型、文化康乐型

对研学旅行课程的分类，目前没有统一的标准。根据我国研学旅行的实践情况，下面按照开发的主体和课程依托的资源单位属性等对研学旅行课程进行分类，以方便进行研学旅行课程的设计与实施。

【知识点 2】按课程开发的主体划分

1. 主办方研发的课程

中小学生研学旅行是由教育部门和学校有计划地组织安排，通过集体旅行、集中食宿方式开展的研究性学习和旅行体验相结合的校外教育活动。学校研发课程时，应根据自身校园文化、教学特色和师资力量，结合学段要求、学生特点和学校课程计划，依托研学旅行基地和营地，自主开发设计研学旅行课程，实现教育教学的改革创新。教育部门作为学校的行政主管部门，研发研学旅行课程时，需统筹协调所在区域内的优势研学资源，重点打造一批可供区域内学校共享的研学旅行课程，引领研学旅行课程设计的体系化和差异化发展，提升素质教育的质量。

例如，2022 年 9 月 30 日，上海市松江区公布了首批 16 个松江区研学旅行基地及 20 门具有本地特色的研学旅行课程。研学基地包括玄风航空飞行科技馆、上海影视乐园、广富林文化遗址·富林少年村、松江博物馆、马相伯故居、余天成中医药文化展示馆、上海辰山植物园、佘山国家森林公园、上海家绿蔬菜专业合作社等，研学旅行课程涉及科学技术、文化艺术、历史传承、劳动创造等许多领域，由一所学校开发，所有学校可以共享。

2. 承办方主导研发的课程

目前，由具备研学旅行承办资质的研学旅行教育机构或旅行社等承办方主导、学校配合共同研发课程的模式比较普遍。一般来说，具备课程开发能力的承办方，应根据主办方发布的招标公告确定研学旅行课程主题，选定课程线路及核心目的地，以及目的地的基(营)地等完成研学旅行课程设计。在课程基本方案完成后，根据主办方教育教学的修改要求，完善课程。在合作研发研学旅行课程时，主办方要引导承办方在课程设计时贯彻教育性原则，突出公益性原则。

例如，在中国旅行社协会组织评选出的 2021 年度中小学研学旅行精品课程中，敦煌塞外研学旅行有限公司研发的“丝路敦煌文化手作陶艺体验”课程，以陶艺制作为课程核心，主题立意突出。无锡行创研学旅行(江苏)有限公司研发的“江南水文化”主题课程紧扣中小学课标，以水文化为切入点，选取鼋头渚、蠡湖、惠山古镇、清名桥古运河等景点为研学背景，通过蠡湖、太湖水质治理前后的对比，增强学生的环保意识。

3. 供应方研发的课程

景区、研学实践教育基地、科研院所、历史故居、科普基地、博物馆等供应方进行研学旅行课程开发时，可根据本机构资源的多重属性，匹配对应的课程主题，并将现有机构资源与地域特色资源进行主题整合，提高课程的吸引力和影响力。供应方通过发挥自身独特的资源优势，对学生进行知识、技能、情感、态度、价值观等方面的教育，进而促进学校教育的有益拓展和延伸。

以中国湿地博物馆为例,依托场馆科研成果“中国湿地植物数据库”研发的湿地主题课程,将湿地基础科普、湿地生态系统三要素等湿地知识与植物拓印的互动游戏相结合,以自然为课堂,让学生了解湿地的作用,认识身边常见的湿地植物,感受自然的多样性,增强环境保护意识。

4. 委托研发的课程

研学旅行课程具有跨学科、跨领域的综合性特征。如果主办方因投入研学旅行课程开发的人力、物力、财力及面临的安全风险超出了承受能力,承办方或供应方因缺乏系统科学规范的教育理论支撑,无法设计出满足主办方需求的研学旅行课程时,也会委托给专门从事研学旅行课程设计的学术机构完成。此类课程的研发方式便是委托开发。

【知识点3】按课程依托的资源单位属性划分

2016年,教育部等11部门发布的《意见》提出,“要以基地为重要依托,有针对性地开发自然类、历史类、地理类、科技类、人文类、体验类等多种类的活动课程”。为进一步落实《意见》,2018年,教育部办公厅发布了《关于开展“全国中小学生研学实践教育基(营)地”推荐工作的通知》,将研学实践教育基(营)地分为优秀传统文化板块、革命传统教育板块、国情教育板块、国防科工板块、自然生态板块。2020年,教育部发布的《大中小学劳动教育指导纲要(试行)》提出,劳动教育是大中小学必须开展的教育活动,要在课外校外活动中安排劳动实践,将劳动教育纳入人才培养全过程。

根据以上文件精神,结合中小学研学旅行实践情况,按照研学旅行课程依托的资源单位属性,可将课程整合为优秀传统文化类、革命传统教育类、国情教育类、国防科工类、自然生态类和劳动教育类。

1. 优秀传统文化类研学旅行课程

优秀传统文化类研学旅行课程是依托旅游服务功能完善的文物保护单位、古籍保护单位、博物馆、非遗场所、优秀传统文化教育基地等单位开发的研学旅行课程,通过研究性学习和旅行体验,引导学生传承中华优秀传统文化核心思想理念、中华传统美德、中华人文精神,坚定学生的文化自觉和文化自信。

优秀传统文化类课程内涵丰富、涉及的知识面广,通常由考察探究、博物馆参观、知识讲座、设计制作、情景体验、角色扮演、走访调研、戏剧欣赏等活动构成。通过实施优秀传统文化类研学旅行课程,让中小学生感受中华传统美德,增强对坚定“四个自信”的理解与认同感,实现中华文化的理解、传承与创新发展,让文化育人落实落地。

例如,“探西递宏村、访徽派文化”研学旅行课程,通过参观安徽西递宏村、欣赏徽州古民居建筑艺术、解读楹联碑文的文化内涵、动手制作石碑拓印、售卖拓印作品等活动,引导学生近距离体验徽派文化,争做新时代传统文化的传承人。

2. 革命传统教育类研学旅行课程

革命传统教育类研学旅行课程是依托爱国主义教育基地、革命历史类纪念设施遗址等单位开发的研学旅行课程,旨在引导学生了解革命历史,增长革命斗争知识,学习革命斗争精神，培育新的时代精神。

革命传统教育类研学旅行课程由阅读史料、实地考察、走访调研、开展军事化拓展活动、观看革命历史题材电影（戏剧）、举办英雄事迹报告等形式的活动构成。通过实施革命传统教育类研学旅行课程，让学生在体验中建立社会现代生活与革命历史事件之间的联系，感受革命光荣历史，继承发扬优良革命传统，促进形成正确的世界观、人生观、价值观。

例如，中央红军标语博物馆研学旅行课程，通过参观红军标语、聆听故事和参与制作标语等活动，引导学生了解"红军标语"的重要性及积极性，增强社会责任感和使命感，在现实生活中传承红色基因、继承先辈遗志。

3. 国情教育类研学旅行课程

国情教育类研学旅行课程是依托体现基本国情和改革开放成就的美丽乡村、传统村落、特色小镇、大型知名企业、大型公共设施、重大工程等单位开发的研学旅行课程，主要目的是帮助学生了解基本国情及中国特色社会主义建设成就，激发学生爱党爱国之情。

国情教育类课程研学旅行由考察探究、实地参观、走访调研、知识讲座、设计制作、社会服务等活动构成。通过实施国情教育类研学旅行课程，让中小学生了解我国基本国情，感受中国特色社会主义建设所取得的伟大成就，激发爱党、爱国、爱家乡的情怀，引导学生树立"四个正确认识"，做好人生规划。

例如，参观一处工业旅游基地或知名企业，观摩现代化、工业化的产品生产工艺流程，之后完成与生产相关的科学小试验，并进行成果展示，以此引导学生感受先进的生产技术及工厂员工奋发向上的精神风貌，领略科技是第一生产力的内涵。

4. 国防科工类研学旅行课程

国防科工类研学旅行课程是依托国家安全教育基地、国防教育基地、海洋意识教育基地、科技馆、科普教育基地、科技创新基地、高等学校、科研院所等单位开发的研学旅行课程，旨在引导学生学习科学知识、培养科学兴趣、掌握科学方法、增强科学精神，树立总体国家安全观，树立国家安全意识和国防意识。

国防科工类研学旅行课程由科技类知识讲座，科研院所、科技企业或场馆参观，研究报告，动手试验，科学表演，设计制作等活动构成。通过实施国防科工类研学旅行课程，拓宽学生的知识领域，将科普知识与中小学生已知的科学知识相衔接，并将科技运用与日常生活相连接，逐步培养学生热爱科学技术知识的兴趣、积极探索的科学精神和严谨求实的科学态度。

例如，在测绘地理信息科技博物馆，学习辨认方位的科普知识，根据阳光下竿影位置判断方位，自制辨认方位的工具等。在这一课程中，用通俗的语言及实物演示，让学生了解生活中的地理信息技术，丰富地理常识，提高辨别方位的能力，培养野外生存技能。

5. 自然生态类研学旅行课程

自然生态类研学旅行课程是依托自然景区、城镇公园、植物园、动物园、风景名胜区、世界自然遗产地、世界文化遗产地、国家海洋公园、示范性农业基地、生态保护区、野生动物保护基地等单位开发的研学旅行课程，其目的是引导学生感受祖国大好河山，树立爱护自然、保护生态的意识。

自然生态类研学旅行课程由动植物观察、景观观赏(山地、水体、气候气象、动植物景观)、物种调查、地质地貌考察、户外教育探险、自然历史古迹考察、自然灾害调查、生态环保调查等活动构成。通过实施自然生态类研学旅行课程，让学生在真实环境中认知自然生态环境，了解所处的空间环境，养成自然保护意识，树立人与自然和谐相处的生态文明观；培养自然观察能力和动手实操能力，提高综合实践能力。

例如，在森林公园研学旅行课程中，开设“植物大讲堂”“园中探秘”“物种观察”“手工制作动植物标本”等单元课程，引导学生关爱生命，感受体验自然的快乐，自觉投身到生态环境保护中。

6. 劳动教育类研学旅行课程

劳动教育类研学旅行课程依托现有综合实践基地、青少年校外活动场所、职业院校和普通高等学校劳动实践场所、学农实践基地、学工实践基地、服务性劳动基地等单位开发，通过学习，使学生树立正确的劳动观念，具有必备的劳动能力，培育积极的劳动精神，养成良好的劳动习惯和品质。

码2-5 快乐研学行体验劳动美

劳动教育类研学旅行课程由日常生活劳动、生产劳动和服务性劳动中的知识、技能与价值观构成。日常生活劳动包括家务劳动、校园劳动；生产劳动包括工业、农业、现代服务业以及中华优秀传统文化特色项目，如种植、养殖、传统工艺制作、金工、木工、电工、陶艺、布艺等；服务性劳动包括参加大型赛事、社区建设、环境保护等公益活动、志愿服务等。通过实施劳动教育类研学旅行课程，培养学生的生活能力和良好卫生习惯，使学生树立自立自强意识；让学生学会使用工具，掌握劳动技术，感受劳动创造价值，增强产品质量意识，体会平凡劳动中的伟大；树立服务意识，实践服务技能，强化社会责任感。

码2-6 乡村研学旅行课程设计要点

例如，端午节，可在农业科技园或学农基地开设“迎端午 包粽子”研学旅行课程，通过端午节风俗讲座、端午粽制作过程演示，指导学生辨认粽叶、搭配原料、包粽子、煮粽子、吃粽子，让学生在劳动中了解并传承中华传统文化的精髓，在活动中成长。

【思政园地】

按照开发的主体和课程依托的资源单位属性对研学旅行课程分类，有利于研学旅行指导师根据课程资源特征，进行各类研学旅行课程的设计与实施，从而更好地突出育人效果。

3.3 任务实施

【工作流程】

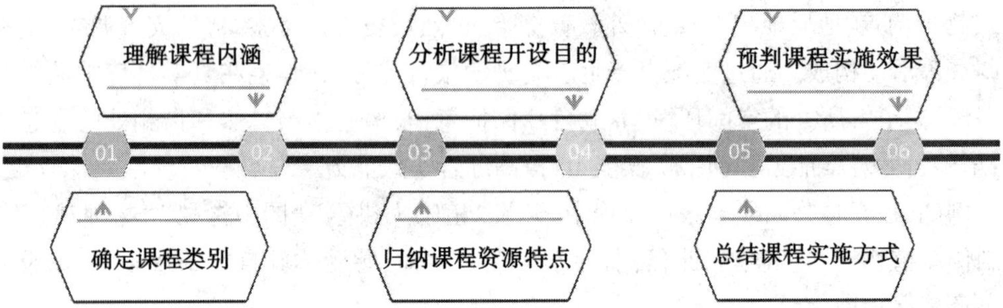

【工作要点】

研学旅行课程按照依托的资源单位属性，分为六种类型。在总结课程类型时，需要先分清每一类课程设计时所依托的资源单位及该类课程的开发目的、预期效果，以及课程实施中常见的活动方式；再以家乡为例，结合自己所熟悉的资源，完成课程举例。

【任务实施】

研学旅行六大类课程分析样表

课程类型	依托的资源单位	课程目的	预期效果	实施方式	课程举例

3.4 能力提升

【知识自测】

一、判断题

1. 研学旅行课程属于学科课程。(   )

2. 国情教育类研学旅行课程主要目的是引导学生了解基本国情及中国特色社会主义建设成就,激发学生爱党、爱国之情。(   )

二、单选题

1. 按照(   )划分,研学旅行课程可分为优秀传统文化类、革命传统教育类、国情教育类、国防科工类、自然生态类和劳动教育类等课程类型。

A. 课程的实施模式　　B. 课程的开发主体

C. 课程的层级性　　D. 课程依托的资源单位属性

2. (   )旨在引导学生感受祖国大好河山,树立爱护自然、保护生态的意识。

A. 自然生态类研学旅行课程　　B. 优秀传统文化类研学旅行课程

C. 国防科工类研学旅行课程　　D. 劳动教育类研学旅行课程

三、多选题

1. 下列哪些是优秀传统文化类研学旅行课程?(   )

A. 参观中国红军长征纪念馆

B. 在博物馆完成陶艺制作

C. 在西递宏村欣赏中国传统徽式建筑艺术

D. 在森林公园观察植物的局部特征

E. 在水电科普馆了解水轮发电机的制造工艺

【能力自测】

按照研学旅行课程依托的资源单位属性,研学旅行课程可分为六大类型。研学旅行指导师能否在某一类课程方案中设计其他类别的单元课程?为什么?

____

____

____

____

____

____

____

【学习小结】

学习要点	
执行任务遇到的困难	
解决的办法	

【项目自测】

项目 2　知识自测

【项目评价】

请按照评价类别，分别在下表对应的等级下打“√”。

评价类别	评价项目	评价指标	A	B	C	D
自我评价	学习态度	能认真听讲,积极参与课堂讨论,按时完成学习任务				
	合作能力	能积极参与小组学习,与小组成员团结协作,共同完成任务				
	任务完成	1. 能借助网络搜索引擎,完成资料的搜集整理				
		2. 能分清不同的研学旅行课程分类标准				
		3. 能应用研学旅行课程设计的要素,做好课程设计准备工作				
小组评价	合作态度	能积极参与小组合作学习,能互相尊重,能倾听别人的意见				
	团队意识	能互帮互助,共同学习,有团队合作意识				
	团队协作	有明确的分工,能共同制订计划,互相配合完成任务				
教师评价	道德品质	对老师有礼貌,能关心帮助同学,正直守信,集体荣誉感强				
	自我管理	能遵守课堂纪律,按时出勤,无迟到早退现象,能约束自己的言行				
	学习态度	能认真听课,学习目标明确,学习态度主动,能按时完成学习任务				
	课堂表现	求知欲强,勤学好问,能有条理地表达自己的观点和意见				
	创新意识	能积极思考,善于发现问题、分析问题,并提出解决方法				
	合作能力	能积极参与小组活动,能为实现集体目标付出努力,能与他人合作共同完成任务,能共享资源和成果				
	实践能力	具备收集、处理信息和获取新知识的能力;思维活跃,敢于探索,善于积累;有一定的应变能力和自主学习能力				

注:评价等级A为优秀;B为良好;C为一般;D为以上三点均不符合,需努力。

项目 3　研学旅行课程设计流程

【项目导学】

“课程化”是解决研学旅行常态化问题的根本，也是提升研学旅行质量和水平的现实需要。研学旅行课程是研学旅行走向科学规范阶段和提高有效性的必然趋势，也是保证中小学能够常态化开展研学旅行的必要路径。

如何为学生提供更好的研学旅行课程成为了研学旅行的首要难题。在本项目中，我们将围绕研学旅行课程设计的五大要素，分环节完成课程方案设计。

【学习目标】

知识目标	1. 熟悉研学旅行课程方案各环节的特点； 2. 掌握研学旅行课程方案各环节的内容； 3. 掌握研学旅行课程方案各环节的设计原则和方法
能力目标	1. 能够设计出研学旅行课程方案中各环节的内容； 2. 能够设计出六大类研学旅行课程的整体方案
素质目标	培养注重细节、因材施教、爱岗敬业的职业精神

【情境导入】

毕业后，小张打算在旅行社从事研学旅行指导师的工作。作为研学旅行的承办方，怎样才能设计出符合主办方要求的研学旅行课程？小张希望学到更加具体的课程设计的方法，帮助她完成研学旅行课程方案的设计。接下来，小张想要学习和了解的内容有：

1. 一个完整的研学旅行课程方案由哪些部分组成？
2. 研学旅行课程设计的原则和方法是什么？
3. 研学旅行课程设计的流程是什么？
4. 研学旅行课程方案的每个环节有什么特点？

【项目导航】

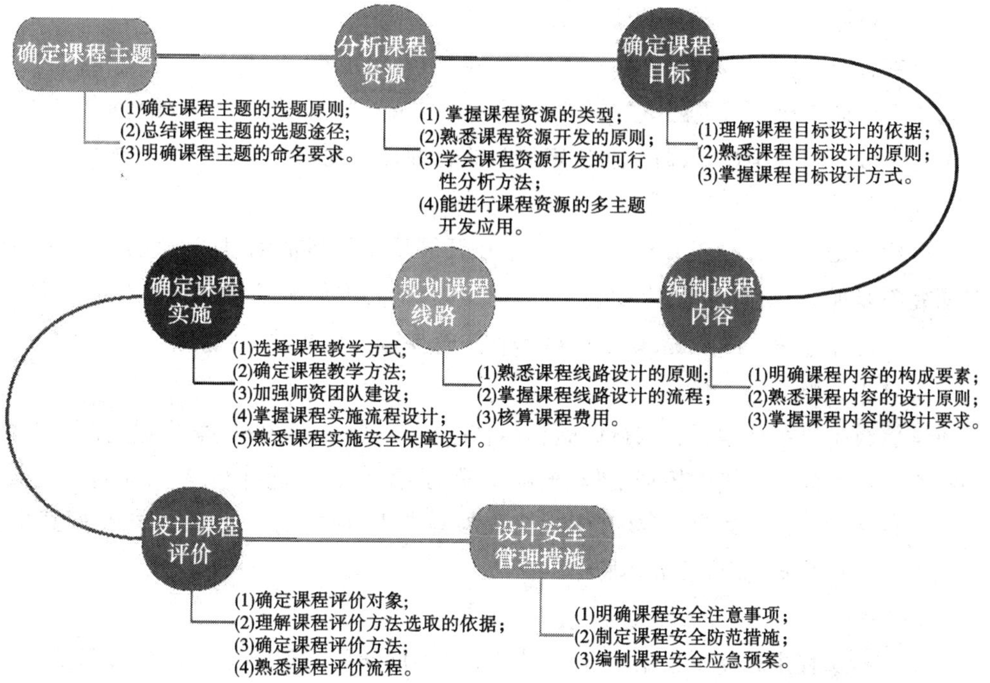

任务1 研学旅行课程主题设计

1.1 任务描述

【任务内容】

根据家乡的地域特色和资源状况,结合研学旅行课程依托的资源单位属性,设计不同类型的研学旅行课程主题。

【完成方式】

个人。

【成果形式】

文本。

1.2 知识储备

【知识点1】研学旅行课程主题选题的原则

研学旅行课程主题是研学旅行活动的核心,是研学旅行课程中心思想的具体表达。设计研学旅行课程,要先确定课程的主题,之后围绕主题,依次确定课程目标、内容、实施方法和评价手段等,最终形成课程方案。当研学旅行课程由数个单元课程组成时,每个单元课程都需要提炼出具有特色的单元主题,且单元课程的主题须跟研学旅行课程主题具有内在关联性。

作为校外教育教学活动，研学旅行课程主题的选择，要遵循教育性、综合性、实践性、层次性、开放性、可行性、特色性等原则。

1. 教育性原则

教育性是研学旅行课程的本质属性。研学旅行指导师需要根据学校的教育理念，结合学生的学段要求和学校课程计划，确定研学旅行课程主题。

2. 综合性原则

研学旅行是综合实践育人的有效途径。在开展研学旅行活动时，学生对课程主题的体验探究不是孤立的，而是个人、社会、自然的多向沟通，也是知识、能力、道德情感等方面的内在整合。作为课程的灵魂，研学旅行课程主题要遵循综合性原则。

3. 实践性原则

研学旅行是研究性学习和旅行体验相结合的校外教育实践活动，学生通过研学旅行，在与日常生活不同的环境中拓宽视野、丰富知识、了解社会、亲近自然、参与体验。研学旅行课程在选择和设计主题时，需要让学生全程参与课程，通过动手动脑，在亲身实践中获得对知识的直接感知，完成探究体验。

4. 层次性原则

研学旅行课程主题需要根据小学、初中、高中不同学段的研学旅行目标，设计层级递进主题。同一主题不同学段的学生，在活动空间、体验探究的难度、深度、广度等方面呈现出层次性和差异性。此外，同一学段不同时期的研学旅行课程在知识和技能的衔接方面，具有层级递进性，因而主题要体现层次性原则。

5. 开放性原则

研学旅行是跨学科、跨时空的综合性校外实践活动。为了让学生突破传统思维定式，能够多视角、全方位地发现问题、分析问题、解决问题，培养创新能力，研学旅行课程主题设计需遵循开放性原则，从学生身边选取适当的主题，基于学生已有的经验和兴趣，引导他们到真实的世界进行各种体验，灵活地适应实际生活的需要。

6. 可行性原则

研学旅行课程的主题用来指导学生开展研学活动，因此研学旅行指导师要选择生活中有价值、内容积极、值得研究且具有可操作性的主题，尽量避免不现实或没意义的主题。通过让学生在研学活动中运用知识与技能尝试多种方法解决问题、体验情感态度与价值观的变化等方式，来实现增强实践能力、培养社会责任感的目的。

7. 特色性原则

我国国土辽阔，各地经济文化背景有所不同，自然文化条件差异大，学生的成长环境亦不尽相同。因此，要因地制宜、根据当地资源状况，充分考虑实际情况，结合主办方的要求和学生特点，设计具有区域特色的研学旅行课程主题。

【知识点2】研学旅行课程主题选题途径

1. 学科课程活动

码 3-1 研学旅行课程主题的选题途径

新修订的《义务教育课程方案和课程标准(2022年版)》、普通高中课程方案和语文等学科课程标准(2017年版2020年修订)中,“教学建议”环节为各学科开展教学活动提供了参考性建议。研学旅行指导师可参考其中合适的项目,转化为课程主题。此外,各学科教材中,设计有“思考活动”“探究活动”“实践活动”“问题研究”“学习情境”等内容,研学旅行指导师可以在此基础上,结合实际进行修改,形成课程主题。研学旅行课程内容涉及的多学科知识具有交叉性,研学旅行指导师可借助培养学生“核心素养”这一目标,通过一个主题串联各学科的相关内容。

例如,《普通高中地理课程标准》(2017年版2020年修订)第四章主题活动7为“模拟大气温室效应”,可将之转化为高中自然生态类研学旅行课程的主题;小学四年级上册《语文》(人教版)第七单元的主题为“天下兴亡,匹夫有责”,包括三篇爱国主义题材的文章,分别是“为中华之崛起而读书”“梅兰芳蓄须”“延安,我把你追寻”,通过这些教育资源,能够将《语文》《道德与法治》《历史》等学科串联在一起,从中选择合适的内容,将其调整为适合小学四至六年级、能够拓展至初中一至二年级学生的革命传统教育类研学旅行课程主题。

2. 生产生活实际

义务教育课程及普通高中课程内容,具有很强的时代性和基础性,且与我们的生产生活实际密切相关。日月星辰、东升西落,四季轮转、春华秋实,春生夏长、秋收冬藏,海枯石烂、沧海桑田,铁马秋风、杏花春雨,高天流云、风霜雨雪,这些日常生活中的现象,不仅和自然生态、劳动知识、科学知识相关,也和乡情国情、中华优秀传统文化、科学技术等密切相连。因而,研学旅行指导师可挖掘学生在个人活动、社会生活、自然环境中遇到的问题或挑战,将其转化为研学旅行课程主题。

例如,以“观星活动”为主题的研学旅行课程,可引导学生学习相关地理知识,通过自制工具,利用北极星的地平高度,测量出当地的地理纬度。

3. 教育部中小学综合实践活动

教育部2017年发布的《中小学综合实践活动课程指导纲要》,分考察探究活动、社会服务活动、设计制作活动、职业体验及其他活动等四种活动形式,为四至六年级、初中一至二年级、高中一至二年级中小学生提供了总计152个中小学生实践活动推荐主题。研学旅行指导师可以参考某一主题,通过调整修改,使其成为具体的、可操作性的、切入点明确的研学旅行课程主题。

例如,在四至六年级学生的推荐主题中,有一个活动主题是“节约调查与行动”,通过修改,将其具体化为某一区域内的水资源、矿产资源、土地资源、生物资源、气候资源等自然资源的节约调查与行动,使其更具有可行性。

4. 学校专项教育活动

2017 年教育部颁布了《中小学德育工作指南》，在实施途径和要求中指出："要精心设计、组织开展主题明确、内容丰富、形式多样、吸引力强的教育活动，促进学生形成良好的思想品德和行为习惯。"并建议利用春节、端午、中秋等我国传统节日以及二十四节气，植树节、劳动节、国庆节等重大节庆日，学雷锋纪念日、中国共产党建党纪念日、中国人民解放军建军纪念日、国家公祭日等重要纪念日，以及地球日、环境日、国家安全教育日、航天日等主题日，设计开展理想信念教育、社会主义核心价值观教育、中华优秀传统文化教育、生态文明教育、心理健康教育等相关主题教育活动。研学旅行课程主题可以与这些校园德育活动有机结合起来。

例如，端午节在农业科技园区开展"品民俗迎端午、包粽子制香囊"研学旅行课程，航天日在西昌卫星发射基地开展探究火箭发射原理、制作月球车、VR 登月体验、观测星空等研学旅行课程。总之，德育教育为研学旅行课程主题设计提供了丰富的来源。

5. 经验兴趣

研学旅行课程主题设计过程中，要重视研学旅行指导师的经历、爱好和特长。研学旅行指导师借助自身的知识、经验、兴趣特长等设计研学旅行课程主题，由于其对于要开展的研学旅行课程的内容相对熟悉，对于自身的能力比较了解，可以让研学旅行课程的组织实施更加有保证。此外，挖掘研学活动主题，还应当充分发挥学生的自主性。通过着眼于学生的生活和兴趣爱好，引导学生在个人生活、社会、自然环境中发现探究性问题、课题等，一方面，能够让学生享受探究的乐趣，增强体验感和社会责任感；另一方面，有利于培养学生的创新思维和实践能力。

例如，由小学第二课堂中使用的拉弦类乐器(如二胡、吉他等)，先引导学生思考为什么不同的乐器发出的声音高低不同，进而探究影响声音高低的因素，再动手制作小乐器。这一学习过程，可设计为"声音的高与低"的研学旅行课程主题。

【知识点 3】研学旅行课程主题的命名要求

1. 研学旅行课程主题命名的基本要求

1) 简洁规范

《说文解字》云："题，额也。"主题是研学旅行课程的标题，是最先映入师生眼帘的部分，非常醒目。在主题命名时，要求文字精练，用词规范，概念准确；简洁明了，一般不超过 20 个字为宜；表述要具体，符合阅读习惯，便于理解。

码 3-2　研学旅行课程主题的命名要求

2) 题文一致

课程主题是学校课程教学目的的外在体现，因此，主题命名需要准确概括研学旅行课程的实践性内涵和核心知识，删除与研学内容无关的文字。

3) 新奇有趣

课程主题命名应新奇有趣，能够更好地抓住眼球，吸引学生的注意力，进而对研学旅行课程产生学习兴趣。研学旅行指导师可紧扣研学旅行课程教学目的,通过借助社会热点,采用比喻、借代、联想等修辞手段,增加趣味性,让主题“活”起来。例如,“我要去故宫,万物来启蒙”思辨式研学旅行课程主题简练有趣,能让学生产生想去故宫研学的好奇心和想象力,起到了事半功倍的效果。

4)突出特色

总结课程核心知识点,向学生表明研学旅行课程的类型,采用“最”“唯一”“第一”等醒目词汇,或引用耳熟能详的诗词歌赋、学科专业词汇,或选用能突出当地地形地貌特征、动植物类型、环境特征等区域优势资源的表达等,完成本课程在知识领域和研学旅行课程类型中的类别定位,突出该课程区别于其他课程的特性。例如,“四面荷花三面柳,一城山色半城湖”就结合了泉城济南的自然地域特色,并运用文学手法,突出了济南鲜明的自然风貌。

2. 研学旅行课程主题的命名步骤

1)明确教育目标

教育目标是设计研学旅行课程方案的出发点,规定了研学旅行课程主题的选择范围。因此,在课程主题命名时,首先需要明确研学旅行课程的教育目标和教学目的,避免跑题。

2)提炼活动内容

研学旅行课程主题命名的过程是对研学旅行课程内容的梳理和凝练。明确教学目的后,需要从课程内容、课程实施等方面选取特色知识点和关键词,提炼出知识领域的特色课程标签,进一步具体化课程主题。

3)选择表述结构

课程主题命名尽量以陈述句式表述,采用“行为动词+名词”格式,如“从事+名词”“展示+名词”“涂染+名词”等,尽量避免使用疑问句、口号式或并列式词组,让主题名称具有可读性,且充分体现学生在课程中的实践行为和探究对象。

4)确定主题名称

在确定研学旅行课程主题前,研学旅行指导师可对主题文字删改补充,或进行生动化、口诀化的改造,让主题名称能够更加精准地体现课程的主旨。

单元课程主题的命名方式与课程主题命名要求一致。但需注意,单元课程主题与课程主题具有内在联系,命名时,要在突出课程主题特点的基础上,结合具体的课程学习资源特征或名称进行。

【思政园地】

研学旅行课程主题是研学旅行课程的中心概括。设计时,要突出研学旅行课程"立德树人"的根本任务。此外,主题设计要符合学生的学情,避免大而空泛,且要有一定的考察探究深度。最后,主题命名要突出研学旅行课程教育的本质属性。

1.3 任务实施

【工作流程】

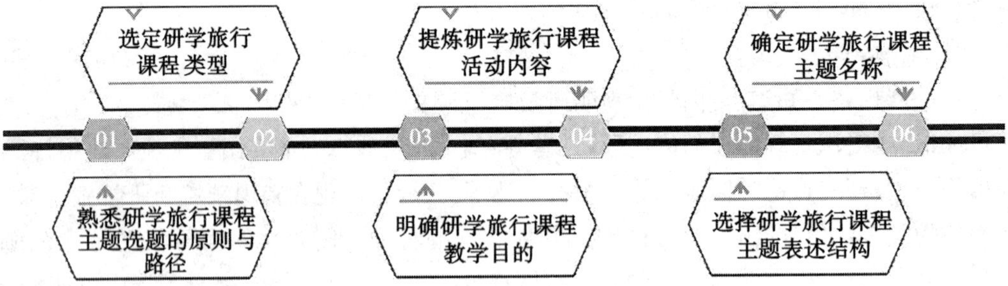

【工作要点】

设计研学旅行课程主题,要考虑课程教育目标、教学目的、研学对象、课程内容、课程资源等因素。在设计课程主题时,要遵守一定的原则和方法,按步骤进行。最终确定的研学旅行课程主题名称,要能体现课程主旨、学生在课程中的实践行为和考察探究的对象。

【任务实施】

研学旅行课程主题设计

序号	研学旅行课程类型	研学旅行课程主题
1	优秀传统文化类	
2	革命传统教育类	
3	国情教育类	
4	国防科工类	
5	自然生态类	
6	劳动教育类	

1.4 能力提升

【知识自测】

一、判断题

1. 研学旅行是校外教育实践活动,教育性原则是确定研学旅行课程主题的本质要求,也是衡量研学旅行课程主题是否有效性的基本原则。(　　)

2. 研学旅行主题不一定要跟研学旅行课程内容相关。(　　)

二、单选题

1. 教育部等11部门颁发的《意见》对中小学生研学实践课程的内容有明确规定:小学阶段以乡土乡情为主,初中阶段以县情市情为主,高中阶段以省情国情为主。这是体现了研学旅行的(　　)原则。

A. 教育性　B. 层次性　C. 综合性　D. 实践性

2. 关于研学旅行课程主题的命名,下列说法错误的是(　　)。

A. 在课程主题命名时,首先需要明确教学目的

B. 课程主题命名尽量以陈述句式表达

C. 课程主题命名的过程是对研学旅行课程内容的提炼

D. 要依据大而全的原则,课程主题名称字数越多越好

三、多选题

1. 研学旅行课程主题的选题途径有(　　)。

A. 学科课程活动　B. 生产生活实际

C. 教育部中小学综合实践活动　D. 学校专项教育活动

E. 经验兴趣

【能力自测】

根据所学知识,判断下列课程主题名称是否符合研学旅行课程主题命名的要求,如果不符合,请修改。

研学旅行课程主题判断

序号	原课程主题	是否合适	原因	修改后课程主题
1	我看家乡新变化			
2	我是“非遗”小传人			
3	农事季节我帮忙			
4	用计算机做科学试验			
5	身边环境污染问题研究			
6	我的“长征”之旅			

【学习小结】

学习要点	
执行任务遇到的困难	
解决的办法	

任务 2　研学旅行课程资源分析

2.1　任务描述

【任务内容】

从任务 1 的任务实施环节中,选择一个课程主题,完成相应的研学旅行课程资源开发的可行性分析。

【完成方式】

个人。

【成果形式】

文本。

2.2　知识储备

【知识点 1】研学旅行课程资源的类型

研学旅行课程资源指一切能用在研学旅行教学活动中,促进实现研学旅行课程目标的各种条件和材料。研学旅行课程资源依据不同的分类标准,有不同的类型。

码 3-3　研学旅行课程资源的类型与开发原则

1. 按资源属性划分

按资源属性划分,研学旅行课程资源可以分为自然课程资源和社会课程资源。

自然课程资源包括大自然中具有教育价值的一切事物,如动植物、微生物、食物链、生物圈、地形、地貌和地势、气候、气象、二十四节气等。结合研学旅行课程依托的资源单位属性,自然课程资源主要包括自然生态类和劳动教育类课程资源。

社会课程资源包括社会公共设施和活动场所、人类的交际活动与社会交往过程中所建立的人际关系、群体行为规范、历史文化、价值观、信仰、宗教伦理、风俗习惯等。结合研学旅行课程依托的资源单位属性,社会课程资源主要包括优秀传统文化类、革命传统教育类、国情教育类以及国防科工类等课程资源。(详见项目2任务3)

2. 按所属教学空间划分

按资源所属的教学空间划分,研学旅行课程资源可分为校内课程资源、校外课程资源以及信息化课程资源。

校内课程资源指在学校开展研学旅行课程时所用到的各类资源,如本校教师、学生的人生经历、生活经验、教学策略、学习方式等,也包括校内图书馆、实验室、专门教室及各类教学设施和实践基地等。

校外课程资源指在学校外开展研学旅行课程时所用到的各类资源,如校外的图书馆、博物馆、展览馆、科技馆、工厂、农村、部队、大学设施和科研院所等各种社会资源以及丰富的自然资源,也包括校外专家、非遗传承人、技术技能大师、报纸杂志、电视广播等资源。

信息化课程资源指多媒体化、网络化、交互化的以网络技术为载体开发的校内外资源,如数字视频、音频、多媒体教学软件、网站、电子邮件等,此类资源存在于网络空间。

3. 按课程建设主体的层级性划分

按课程建设主体的层级性划分,研学旅行课程资源可分为国家课程资源、地方课程资源、校本课程资源。

国家课程资源指由中央教育行政机构组织编制和审定的课程资源,用以保证国家确定的普通教育的培养目标和普通教育的世界先进水准,规定学生应掌握的基础知识和基本能力。例如,由海南某公司开发的"叶子的故事"研学旅行课程,入选"国家中小学智慧教育平台",成为面向全国中小学的国家级研学旅行课程资源。

地方课程资源指由省、自治区、直辖市教育行政机构和教育科研机构组织编制的课程资源,用于补充、丰富国家级课程内容,体现了不同地区政治、文化、经济的多样性特征。如江西省2022年十佳研学旅行课程之"送你一朵小红花",以南昌新四军军部旧址陈列馆为依托,突出了江西丰富的红色资源,具有本地特色。

校本课程资源指在实施国家课程和地方课程的前提下,通过对本校学生的需求进行科学评估,充分利用当地社区和学习资源而开发的多样性的、可供学生选择的课程资源。校本课程资源能满足不同学校的特点和学生多样化的需求。例如,上海青浦世界外国语学校在辰山植物园内开展的"荒漠植物"研学旅行课程;济南市芙蓉小学开展的"皮影戏研学旅行课程"等,都是由学校根据本校生源情况和社区特色资源开发的研学旅行课程。

4. 按课程资源的呈现载体划分

按课程资源的呈现载体划分,研学旅行课程资源包括人力课程资源、实物课程资源以及活动课程资源。

人力课程资源以人为载体,指设计、实施研学旅行课程或参与研学旅行活动的师资,如主办方派出的学校代表、带队老师、研学旅行指导师,承办方派出的项目组长、研学旅行指导师、导游、安全员、队医,供应方参与研学旅行中的讲解员、地陪导游、教练员、特定研学项目专家等。(详见项目 1 任务 2)

实物课程资源以实物为载体,是物化形态的课程资源,如研学旅行课程手册、研学文献资源、教科书、实物道具、模型、学习资料、自然物质等,具有直观、具体、形象的特点。

活动课程资源以研学旅行活动或特定情境为载体,在特定的时空条件下存在,具有不完全复制性,如各类社会调查、考察探究、职业体验、角色扮演等实践活动,也包括各类主题式活动。

【知识点 2】研学旅行课程资源开发的原则

1. 安全性原则

研学旅行课程资源的安全性是开展研学旅行课程的前提。承办方在开发研学旅行目的地课程资源时,要对景区、研学基地,以及交通线路、交通工具的安全性做好考察分析,并制定安全注意事项和安全防范措施。在资源勘查中,承办方要与主办方做好沟通工作,发现问题,要求供应方及时整改;遇到无法避免的安全问题,要在研学旅行课程设计与实施中规避;对于重大安全隐患,承办方需会同主办方,要求供应方坚决更换。

2. 教育性原则

研学旅行课程资源是开展研学旅行的客体,也是制定研学旅行单元课程目标的主要依据之一。因此,在开发研学旅行课程资源时,要尽可能发掘资源的教育价值和多重属性,为学生多角度利用学习资源进行研究性学习提供保障。此外,开发课程资源时,要与研学目的地供应方如景区(展馆)讲解员、地陪导游、教练员等,就课程要求和教育目的做好沟通,以便课程实施中能进行有效的教学活动。

3. 地域性原则

研学旅行课程资源的开发,要以研学旅行课程的主题为出发点,努力挖掘目的地区域资源特色和它的教育价值,以"新、奇、异、热"吸引学生的注意力,突出当地的民族文化,充分展示研学旅行课程主题。

4. 供给全面性原则

研学旅行是一项综合性极强的教育教学活动,学生在研学旅行中,除需要在吃、住、行、游环节得到服务外,还需要交通、餐饮、保险、景区景点、医疗、食品药品监管部门、公安局等各行业部门的配合与支持。研学旅行目的地基础设施的水平、相应机构的服务质量等,都会对学生的研学旅行体验产生重大影响。因此,供给全面性原则是研学旅行课程资源开发的基本要求之一。

5. 时效性原则

在研学旅行课程中,学生通过集体旅行获得旅行体验。但自然景观容易受季节变化的影响,一年四季呈现不同的景象,且某些特定的自然景观只有在特定的季节或时间段才能看到,因此,开发研学旅行课程资源时,要注意自然资源的季节性变化特征。另一方面,社会资源中特定时间段举行的节庆活动(如端午节、泼水节、文博会等)、社会热点(如冬奥会、冰雪旅游等),也要求课程资源开发要注重时效性,努力让学生在研学目的地获得最优的旅行体验感。

6. 适切性原则

开发研学旅行课程资源时,要充分考虑研学旅行的主体——学生,以及主办方——学校的实际情况。同一景点的课程资源要能满足不同学段学生不同时长的学习要求,也要能以多样化的方式呈现。即研学旅行课程资源既要满足多学段适切,又要满足多时段适切。

【知识点 3】研学旅行课程资源开发的可行性分析

研学旅行课程资源的获取,可通过文献资料调查法、网络信息调查法、实地勘查法等实现。对于收集到的图文资料,还需进一步筛选评估。研学旅行课程资源要经过调研、筛选、分析、整合后才能确立。研学旅行课程资源开发的可行性分析,可从课程资源的属性和特色、教育价值、地理区位、所在地的基础设施,及组织保障等五个方面进行。

码 3-4　研学旅行课程资源开发的可行性分析

1. 研学旅行课程资源属性和特色

研学旅行课程资源开发的可行性分析,第一步需要准确界定研学旅行课程资源的属性,努力挖掘资源的特色。分清资源对应的课程类型、资源所属单位的级别、容量,调查资源的呈现形式是否会受气候环境、季节变化的影响,以及前来该目的地的最佳季节和时间,如表 3-1 所示。

表 3-1　研学旅行课程资源属性分析(以优秀传统文化类课程资源为例)

分析指标	具体内容
课程资源依托的单位	良渚古城遗址公园·良渚文明探索营地
课程资源的属性	社会课程资源
课程资源的特色	良渚文明探索营地是良渚古城遗址公园目前唯一指定的研学旅行营地,也是首个在五千年文明沃土之上的青少年教育基地。具备爱国主义教育、青少年校外教育、公众科普、学术交流四大功能
对应的课程类型	优秀传统文化类
资源所属单位的级别	浙江省中小学研学实践教育基地
接待容量	1000 人
最佳季节	3—6 月,9—11 月
开展时间段	9:00—18:00

2. 研学旅行课程资源的教育价值

研学旅行课程资源的教育价值分析,可从课程资源与课程主题的对应关系、资源所属单位师资及其专业能力、课程资源学习所需时长以及课程资源是否具备开展研究性学习的条件等方面进行,如表 3-2 所示。

表 3-2 研学旅行课程资源的教育价值分析(以自然生态类课程资源为例)

分析指标	具体内容
课程资源与主题的对应性	研学旅行课程主题:探秘百草世界,争做植物学家; 研学资源所属单位:园林植物园; 课程资源与课程主题的对应性强
课程资源所属单位师资	园林植物园所有讲解员均有旅游管理、导游或园艺等专业学历,能提供详细、周到的景点讲解服务
课程资源学习所需时长	3 天
课程资源是否具备开展研究性学习的条件	园林植物园可开展自然教育课程、农耕作物识别课程、探秘百草园、绘制百草图等课程,具备开展研究性学习的条件

3. 研学旅行课程资源的地理区位

研学旅行课程资源的地理区位分析主要包括课程资源所在地的气候气象特征、地理特征、所在区域位置、与其他研学旅行目的地课程资源之间的距离等,如表 3-3 所示。

表 3-3 研学旅行课程资源的地理区位分析(以国情教育类课程资源为例)

分析指标	具体内容
课程资源所在地区的气候气象特征	某文化古村位于浙江省绍兴市越城区,属亚热带季风气候,温暖湿润,四季分明
课程资源的地理特征	区域内群山环绕、盆地内含、平原集中,可概括为“四山三盆二江一平原”“六山一水三分田”
课程资源所在区域位置	地处中国华东地区、浙江省中北部,位于长江三角洲中心区,是著名的“全国文明村”,区域位置优越
与其他研学旅行目的地课程资源之间的距离	区域内有鲁迅故里风景区、沈园、会稽山大禹陵、绍兴东湖、绍兴周恩来纪念馆、诸葛仙山景区、中国黄酒博物馆、绍兴博物馆等研学旅行课程资源

4. 研学旅行课程资源所在地基础设施

在评估研学旅行课程资源时,还需考察资源所在地的安全性、基础设施和配套服务,如该地的交通(路况、交通方式和可进入性)、住宿条件(环境设施、接待规模、服务水平、类型等级、价格)、饮食条件(地理位置、停车场地、特色餐饮、接待能力、服务水平、价格)

等,如表3-4所示。

表3-4 研学旅行课程资源所在地基础设施分析(以劳动教育类课程为例)

分析指标	具体内容
课程资源所在地区的安全性	某劳动教育实践营地占地面积300余亩[1],空气清新,环境优美。营地内分生活区、农耕体验区、科技农业馆、民俗文化馆、生存体验区等多个功能区,集劳动教育、食宿于一体,降低了学生外出的安全风险,有完善的劳动教育安全保障体系
课程资源所在地区的交通状况	营地位于交通便利的城市郊区,可乘坐地铁或专线公交车到达,有大巴停车场供大批量研学活动开展使用
课程资源所在地区的住宿条件	营地内有高低铺、通铺等房型,可容纳800人住宿
课程资源所在地区的饮食条件	营地内有餐厅,可同时容纳400人用餐

5. 研学旅行课程资源的组织保障

研学旅行课程资源的组织保障分析包括安全保障和组织管理两部分。其中,课程资源的安全保障包括资源所属单位是否有完善的安全管理制度、安全防控预案与应对措施,以及安全防控人员。课程资源的组织管理包括资源所属单位的组织结构和联系方式,开展课程参观学习是否有特殊要求和禁止事项,以及使用该课程资源所需费用等,如表3-5所示。

表3-5 研学旅行课程资源的组织保障分析(以国防科工类课程资源为例)

分析指标	具体内容
资源所属单位的安全管理制度	某科技企业制定了《外来人员安全管理制度》
资源所属单位的安全防控预案与应对措施	某科技企业制定了《参观人员进厂安全须知和应急预案》
资源所属单位的安全防控人员	部门负责人为第一安全责任人,外来人员的管理工作由安全办公室统一负责
资源所属单位的组织结构和联系方式	以微信公众号或官方网站发布的信息为准
参观学习的特殊要求	厂区内全面禁烟,指定区域内不得摄影,12周岁以下人员不得进入厂区,进入厂区须听从保安指挥,有序停车。禁止触摸工厂任何设备、设施
参观学习费用	免费

[1] 1亩 = 1/15 hm^2。

【知识点4】研学旅行课程资源的多主题开发应用

码 3-5 研学旅行课程资源的多主题开发应用

1. 主办方的需求分析

根据主办方提出的研学旅行课程要求，与主办方就课程设计展开积极的沟通交流，获得包括研学对象的学段、参与研学活动的研学人数、预计开展的研学旅行课程类型、开展研学活动的目的、研学旅行活动的时长等在内的有效信息。

2. 教育目标分析

教育目标决定了研学旅行课程的主题，明确研学旅行课程的教育目标是开发课程资源的基础。教育目标是具体的、可衡量的，对教育目标的分析，应基于学生的需求、兴趣和能力，参考课程标准，围绕不同学段学科的教学要求展开。

3. 选择合适的研学旅行目的地

教育部等11部门颁布的《意见》明确提出，四至六年级的小学生以乡土乡情为主，初中阶段以县情市情为主，高中阶段以省情国情为主。可见，研学旅行活动目的地要根据研学对象的学段进行选择。选择完目的地后，对其从资源的属性及特色、教育价值、地理区位、基础设施、组织保障五个方面进行研学旅行课程资源开发的可行性分析（详见知识点3）。

以北京故宫博物院为例，故宫博物院位于北京市市中心，交通便利。它承载着我国悠久的传统文化，是研究中国传统文化的一部百科全书。故宫博物院是中国综合性博物馆，也是全世界共同的文化遗产，院藏文物体系完备，现有藏品总量186万余件（套），可分为绘画、法书、碑帖、铜器、金银器等25大类。安全保障制度严密规范，宣传教育师资力量雄厚，曾获第20届“全国青年文明号”等荣誉。

4. 目的地的研学旅行课程资源分析

根据研学旅行课程资源开发的原则（详见知识点1），将目的地资源按照属性类别归类，通过列举可选择的主题，分析其蕴含的教育价值，从而完成研学旅行课程的资源分析。

譬如，故宫作为中国最大的古代文化艺术博物馆，历史、人文底蕴深厚，文物众多，拥有丰富的适合开展传统文化类研学旅行课程的元素。其研学资源可分为历史、建筑、宫中礼俗、文物收藏四大部分。从历史的角度，可选择的研学主题有紫禁城的营建与改建、故宫博物院的保护与发展等。这一类主题的研学旅行课程能够让学习者更直观地了解明清时期的历史，为学习近现代史打下基础。从故宫建筑的角度进行分析，可选择的研学主题有紫禁城名称的由来、紫禁城的建筑布局、紫禁城建筑的木构架结构、皇家古建筑的外观和装饰、紫禁城中的戏台与京剧等。这一类研学旅行课程的学习，有助于学习者了解故宫总体布局与规划及其所蕴含的文化内涵，了解古代建筑风格及等级制度。在故宫宫中礼俗方面，可供选择的研学旅行课程主题范围较广，通过探访神秘的宫廷礼俗，有助于传承中华优秀传统文化，培养学生热爱我国优秀传统文化的情操。故宫文物收藏方面的研学主题课程，有益于培养学习探究能力，树立保护遗产的意识，培养民族文化自豪感和自信心，提高文化国际交流意识。

以故宫为例，经过分析，我们发现每一种资源都能细分出多种研学旅行课程主题。就故宫建筑资源而言，中国传统文化中的“天、地、君、亲、师、仁、义、礼、智、信”思想，巧妙对应着紫禁城内的10座最具代表性的宫殿。这些资源经过科学的规划分析，可成为多主题、多目标的优秀传统文化类研学旅行古建筑文化系列课程。

5. 研学目的地单一课程资源的多主题分析

课程资源是设计、实施研学旅行课程的有效载体。在这一环节，通过对单一研学旅行课程资源进行深入分解、细化、可将其转化为研学旅行课程的多种课程主题。

继续以古代建筑文化为例，斗拱是我国古代建筑所特有的构件，它由若干方木与横木垒叠而成，是中国古代建筑艺术最富创造性和最有代表性的部分。以斗拱为目标资源，从课程资源可选择的主题、教育价值两个维度深入分析后，得到了11个课程主题，如表3-6所示。

表3-6 研学目的地单一课程资源的多主题分析

资源名称	可选择的课程主题	教育价值
斗拱	斗拱是由哪几部分组成的	掌握斗拱的组成方式和组合原理
	斗拱在古建筑的什么位置	掌握斗拱的承重方式和重力过渡功能，科普力学原理
	斗拱有哪些作用	科普斗拱在木结构承重、抗震、增大间距、外观装饰、尺度衡量方面的作用
	在古代，哪些房屋能使用斗拱	了解斗拱在我国封建社会中的等级象征
	斗拱的起源和演变历史是什么	熟悉斗拱在我国历代建筑中的发展演变特征，这也是鉴别古建筑年代的依据之一
	如何制作斗拱	了解斗拱的制作工艺
	如何组装斗拱模型	锻炼学生的批判思维和动手能力
	斗拱和榫卯是一回事吗	学会辨别中国古代建筑中的构造和结构
	与斗拱相关的文学作品有哪些	学习斗拱的相关名篇，提高文学素养
	北京现存古建筑中的斗拱有哪些不同	通过古建筑外观的对比探究，感受封建社会森严的等级制度
	斗拱在我国现代建筑中的应用	了解斗拱文化的源远流长，其影响之深远，对现代建筑构造独有的特点具有划时代的意义

这些可选择的课程主题又可以归纳为结构方式、功能作用、发展历程及象征意义等四个类别，如图3-1所示。

对课程资源进行多角度的分析归纳，有利于帮助研学旅行指导师后续在设计课程目标与内容时，根据实际教学需要，对资源进行更合理的优化组合。

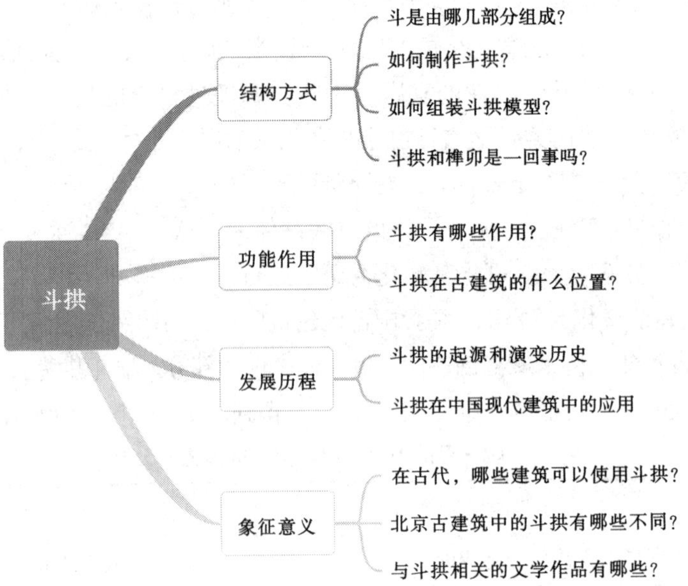

图 3-1 “斗拱”研学旅行课程主题的归类

【思政园地】

研学旅行课程资源是制定研学旅行单元课程目标的主要依据之一。研学旅行课程资源的开发,不仅关系到课程目标的制定与课程内容的实施,还会对学生的价值观培养、知识拓展、技能提升产生直接影响。因此,需要从多个角度,依据一定的原则,对目标课程资源进行可行性评估和规划分析。

2.3 任务实施

【工作流程】

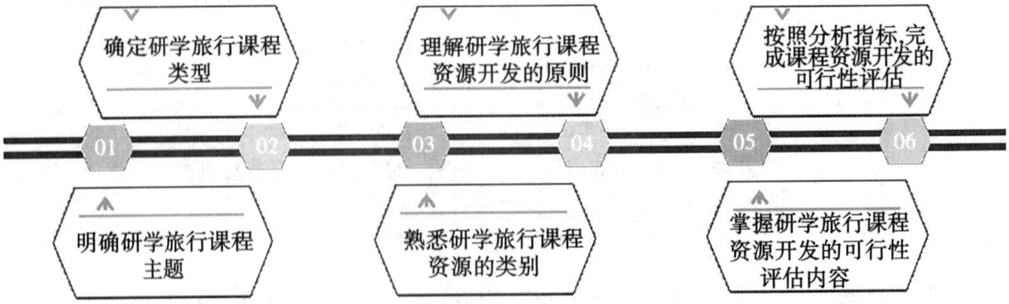

【工作要点】

在对潜在的研学旅行课程资源进行开发的可行性分析时,首先要明确该课程的主题和课程类型。然后分具体的项目内容,根据分析指标,展开分析。

【任务实施】

研学旅行课程资源开发的可行性分析样表

研学旅行课程主题		课程类型	
项目名称	分析指标	具体内容	
课程资源属性及特色			
课程资源的教育价值			
课程资源的地理区位			
课程资源所在地基础设施			
课程资源的组织保障			

2.4　能力提升

【知识自测】

一、判断题

1. 研学旅行课程资源可以从课程资源所属教学空间、资源的属性、课程建设主体的层级性、课程资源的呈现载体分四方面给予类型划分。(　　)

2. 研学旅行课程资源的获取,可通过文献资料调查法、网络信息调查法、实地勘查法等实现。(　　)

二、单选题

1. 研学旅行课程资源按课程建设主体的层级性划分不包括(　　)。

A. 国家课程资源　　B. 地方课程资源　　C. 校本课程资源　　D. 基地课程资源

2. 下列研学旅行课程资源开发的原则中,不包括(　　)。

A. 安全性　　B. 教育性　　C. 经济性　　D. 供给全面性

三、多选题

1. 研学旅行课程资源开发的可行性分析可以从哪几方面进行。(　　)

A. 课程资源的教育价值　　B. 课程资源的属性及特色

C. 课程资源的地理区位　　D. 课程资源所在地的基础设施

E. 课程资源的组织保障

【能力自测】

请通过文献资料调查法、网络信息调查法、实地勘查法等方法,了解家乡的革命传统教育类研学旅行课程资源的分布情况,手绘完成该类课程资源的分布示意图。

【学习小结】

学习要点	
执行任务遇到的困难	
解决的办法	

任务3 研学旅行课程目标设计

3.1 任务描述

【任务内容】

为任务1任务实施环节中选择的课程类型完成相应的课程总目标和单元课程目标设计。

【完成方式】

个人。

【成果形式】

文本。

3.2 知识储备

【知识点1】研学旅行课程目标设计的依据

1. 研学旅行课程目标的分类

研学旅行课程目标是指在研学旅行课程设计与实施中,依托一定的学习资源,通过考察、探究等学习活动,可以达成的教育目标。作为研学旅行课程内容设计、课程实施、课程评价的重要依据,宏观层面上,研学旅行课程目标分为课程总目标和学段目标,在具体的研学旅行课程中,又分为课程教育目标、课程总目标、学段目标和单元课程目标。下面,分别介绍这几种目标。

1）课程教育目标

课程教育目标是指所有研学旅行课程都必须达到的最根本的课程教育目的和培养目标，研学旅行课程的教育目标是立德树人、培养人才。

码 3-6　研学旅行课程目标设计的依据

2）课程总目标

课程总目标是课程教育目的和培养目标在教育活动中的具体化，体现了该教学活动的基本任务，是整个课程全部教学活动的出发点和落脚点，也是实现课程教育目标的重要途径。研学旅行课程总目标的确立受到研学旅行课程教育目标、研学旅行课程主题和学生的学段目标三方面因素的影响。

3）学段目标

学段目标是根据学生在不同教育阶段身心发展水平，对某一学段结束时学生学习课程应达到的学业成就的预设或期待，是课程总目标在各学段的具体化。例如，教育部等 11 部门颁布的《意见》中，将研学旅行的学段目标分为小学四至六年级、初中一至二年级、高中一至二年级；教育部《中小学德育工作指南》中，将学段目标分为小学低年级、小学中高年级、初中学段、高中学段。

4）单元课程目标

单元课程目标是根据课程总目标、学段目标、课程依托的资源单位属性，以及课程内容制定的表现单元课程主题的细化目标，更具有直观性和可操作性。

2. 研学旅行课程目标与主题的关系

研学旅行课程目标限定了研学旅行课程主题的选题范围；紧扣课程主题，才能确定研学旅行课程总目标；基于课程总目标，设计研学旅行课程内容；课程内容由数个相互关联的研学旅行单元课程主题、单元课程目标和具体学习任务构成。研学旅行课程目标与主题的关系具体如图 3-2 所示。

研学旅行课程目标纵向可分为课程目标、课程总目标及单元课程目标。课程教育目标是所有研学旅行课程都要实现的根本性目标，具有共性。本任务围绕研学旅行课程设计与实施展开，为便于理解和说明，在不考虑学段目标这个变量的前提下，后文中，研学旅行课程目标简化为课程总目标和单元课程目标两类。

3. 研学旅行课程目标设计的依据

目前，我国教育教学活动中，课程目标设计主要有核心素养目标、三维目标和综合素质目标三种目标范式。

1）核心素养目标

在教育部颁布的《中国学生发展核心素养》中，提出了我国学生核心素养以“全面发展的人”为核心，由文化基础、自主发展、社会参与三个方面构成，可细分为人文底蕴、科学精神、学会学习、健康生活、责任担当、实践创新六大素养，共十八个基本要点。

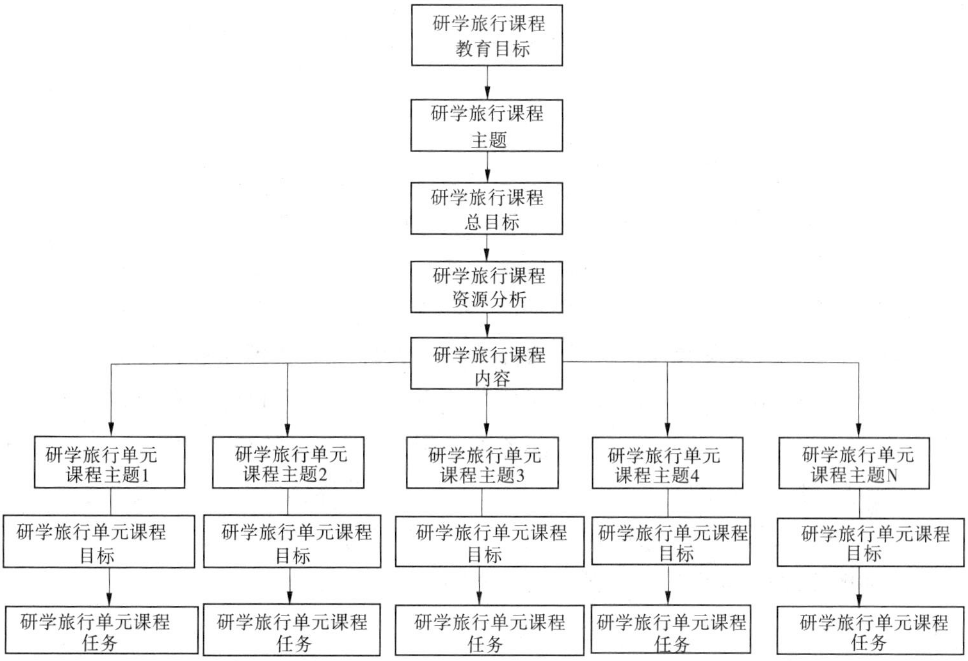

图3-2 研学旅行课程目标与主题的关系

研学旅行课程以培养人才为根本性教育目标，是落实学生核心素养的有效途径。

2)三维目标

三维目标是基础教育领域新课程改革中常用的教学目标表述方法，指教师在教育教学过程中应该达到的三个目标维度，即知识与技能、过程与方法、情感态度与价值观。通常被简称为：知识目标、能力目标、情感目标。

教育部等11部门颁布的《意见》将研学旅行课程目标从能力培养、情感价值、责任担当等方面进行了论述。三维目标表述法在学科教育、综合实践活动课程中被普遍应用，也为研学旅行课程目标维度设计提供了范式参考。

3)综合素质目标

教育部2017年颁布的《中小学综合实践活动课程纲要》，从价值体认、责任担当、问题解决、创意物化四方面明确了小学、初中、高中不同学段的综合实践活动课程目标。

研学旅行是综合实践活动课程的重要组成部分，综合实践活动课程目标的四个维度，同样适用于研学旅行课程目标。

【知识点2】研学旅行课程目标设计的原则

1.综合性原则

从课程性质的角度来看，研学旅行课程是超越了学科分类的综合性实践活动；从课程目标维度来看，研学旅行以培养人才为根本任务，课程目标涵盖了知识与技能、过程与方法、情感态度与价值观三维目标，体现了核心素养目标的 18 个基本要点，满足综合实践活动课程在价值体认、责任担当、问题解决、创意物化四方面的基本要求，体现了综合性原则。

2. 实践性原则

从课程性质的角度来看，研学旅行课程是综合实践育人的有效途径，课程目标具有实践性；从课程实施的角度，由知识目标、能力目标及情感目标组成的研学旅行课程目标通过旅行体验和考察探究等学习过程得以实现，每一个学习环节需要学生亲身实践。

3. 开放性原则

从课程目标的结构来看，研学旅行课程的单元课程目标受到课程总目标、学段目标、课程资源属性及课程内容的制约，同一课程中的不同单元课程目标虽有内在逻辑上的联系，但在具体的表述和凸显的重点等方面各不相同；从学习者的目标达成角度来看，不同学段的学习者、同一学段的学习者，因个体差异和地域差异，取得的学习效果也不同。此外，课程目标具有预设性，为了达成目标要求，课程目标会根据内外部环境的变化进行动态调整。因此，课程目标设计要遵循开放性原则。

4. 可操作性原则

从课程目标的本质来看，课程目标是在一定条件下可达成的教育目标，是课程本身要实现的具体要求，在设计时，研学旅行课程目标要具体并能够相对精准地体现课程的主题和重难点。从课程目标的功能来看，课程目标是检测课程方案设计是否合理、课程实施过程及课程教学质量是否达标的依据，因而要具有可操作性。

【知识点 3】研学旅行课程目标设计方式

一个完整的课程目标包括行为主体、行为动词、行为条件，以及表现程度四个要素。我国基础教育课程标准在课程目标体系方面分为三类：结果性目标、体验性目标、表现性目标。根据所选的目标类别，通过“行为条件（行为表现产生的条件）+行为主体（学生）+行为动词（行为表现）+表现程度（实现行为表现的最低标准）”的模式，完成研学旅行课程目标的撰写。例如，“通过走访至少 3 家当地农户（行为条件），让学生（行为主体）在 40 分钟内以小组为单位（表现程度），调研该村农民的主要经济收入来源（行为动词）”。

码 3-7　研学旅行课程目标设计方式

下面，分类举例说明研学旅行课程目标的设计方式。

1. 结果性目标

结果性目标是对学生学习结果的描述，即学生通过学习所要达到的结果。此目标主要应用于“知识和技能”领域，“知识”领域一般有三个层次的要求：了解、学会、能应用；“技能”领域分为模仿、独立操作和迁移水平。结果性目标强调学生基础知识和基本技能的获得，如表 3-7 所示。

表 3-7 结果性目标的设计方式

领域	目标层次	行为动词	研学旅行课程目标举例
知识	了解:包括再认或回忆知识;识别、辨认事实或证据举出例子;描述对象的基本特征等	了解、背诵、辨认、知道、选出、举例、列举、复述、描述、识别、再认等	通过参观孔庙,让学生了解孔子祭祀文化和祭祀流程(优秀传统文化类)
	学会:包括把握内在逻辑联系;与已有知识建立联系;进行解释、推断、区分、扩展提供证据;收集、整理信息等	解释、说明、阐明、比较、分类、归纳、概述、概括、判断、区别、提供、转换、预测、收集、整理等	通过观察植物园常见植物,让学生归纳南北方植物的形态特征(自然生态类)
	应用:包括在新的情境中使用抽象的概念、原则;进行总结、推广;建立不同情境下的合理联系等	应用、使用、设计、改变、撰写、解答、计算、检验、总结、推广、证明、评价等	通过考察探究,让学生总结南北方植物的生长环境差异(自然生态类)
技能	模仿:包括在原型示范和具体指导下完成操作;对所提供的对象进行模拟、修改等	模拟、重复、再现、模仿、例证、临摹、扩展、缩写等	通过观察太阳直射点的移动引起昼夜长短变化这一现象,制作"太阳光照"演示仪(国防科工类)
	独立操作:包括独立完成操作;进行调整与改进;尝试与已有技能建立联系等	完成、表现、制定、解决、拟定、安装、绘制、测量、尝试、试验等	通过参观会宁红军会师旧址,让学生独立绘制会师楼(革命传统教育类)
	迁移:包括在新的情景中运用已有技能;理解同一技能在不同情境中的适用性等	联系、转换、灵活运用、举一反三、触类旁通等	通过参观敦煌莫高窟,让学生分析莫高窟在此选址的原因(自然生态类、优秀传统文化类)

2. 体验性目标

体验性目标是学生对过程或结果体验后产生的倾向和感受,是对学习过程和结果的主观经验。此目标主要应用于"过程与方法""情感态度和价值观"领域,分认同、体会、内化三个层次。强调使学生形成积极的学习态度、健康向上的人生态度,具有科学精神和正确的世界观、人生观、价值观,成为有责任感和使命感的社会公民等。体验性目标的设计方式如表 3-8 所示。

表 3-8　体验性目标的设计方式

领域	目标层次	行为动词	研学旅行课程目标举例
过程与方法、情感态度和价值观	认同：包括在经历基础上表达感受、态度和价值判断；做出相应的反应等	遵守、拒绝、认可、认同、承认、接受、同意、反对、愿意、欣赏、称赞、喜欢、关注、重视、尊重、爱护、珍惜、蔑视、拥护等	通过朗诵李白的经典诗篇，品味李白诗歌的文学和艺术价值(优秀传统文化类)
	体会：包括独立从事或合作参与相关活动、建立感性认识等	经历、感受、参加、参与、尝试、寻找、讨论、交流、合作、分享、参观、访问、考察、接触、体验等	通过参加传统村落、特色小镇的篝火晚会，让学生感受中国特色社会主义建设的伟大成就(国情教育类)
	内化：包括具有相对稳定的态度；表现出持续的行为；具有个性化的价值观念等	形成、养成、具有、热爱、树立、建立、坚持、保持、确立、追求等	通过参观卫星发射基地，培养学生的时代使命感和责任担当意识(国防科工类)

3. 表现性目标

表现性目标是学生在研学旅行指导师的指导下，培养学生的创造性，强调学习及其结果的个性化。所采用的行为动词通常与学生表现有关，结果是开放性的。课程标准将表现性目标划分为两个层次水平：复制和创作，如表 3-9 所示。

表 3-9　表现性目标的设计方式

领域	目标层次	行为动词	研学旅行课程目标举例
实践类、艺术类课程	复制：根据研学旅行指导师的提示重复某项活动；利用可得到的资源，复制某项作品、产品或某种操作活动；按研学旅行指导师指令或提示，利用多种简单技能从事某项任务等	了解、背诵、辨认、知道、选出、举例、列举、复述、描述、识别、再认等	通过参观水稻种植示范区，让学生体验如何给水稻施肥打药(劳动教育类)
	创作：按照提示，从事某种较复杂的创作；按照自己的思想和可得到的资源完成某种任务，利用多种技能创作某种产品	设计、制作、描绘、涂染、编织、雕塑、收藏、表演、编演、编曲、扮演、创作等	通过学习“声音的传播”，让学生制作一个小乐器(国防科工类)

【思政园地】

研学旅行课程目标具有价值引领和教育导向的功能，目标的实现是落实“立德树人、培养人才”这一根本教育目标的过程，也为研学旅行课程设计、实施、评价提供了考评标准和依据。

3.3 任务实施

【工作流程】

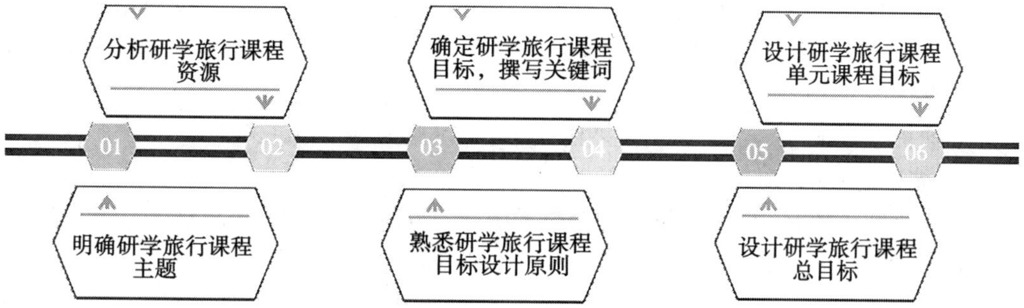

【工作要点】

研学旅行课程目标的设计,需紧密围绕课程主题,依托课程资源,分课程总目标和单元课程目标两类进行。根据研学旅行课程的学时安排,课程总目标可分为若干单元课程目标。课程目标的设立,需具体可测,符合实际,便于操作。

【任务实施】

研学旅行课程目标设计样表

研学旅行课程类型	研学旅行课程主题	研学旅行课程总目标	某一单元课程目标	学段
优秀传统文化类	我是小小考古学家——探秘大地湾彩陶	1. 理解大地湾彩陶文化在中华文明史中的地位与意义; 2. 通过模拟大地湾彩陶残片发掘过程,归纳大地湾彩陶特征; 3. 体验彩陶制作工艺,培养严谨的科学态度和精益求精的工匠精神,树立文化自信,唤醒文化认同	1. 了解大地湾彩陶文化中的典型代表文物; 2. 熟悉彩陶制作步骤; 3. 制作一件彩陶	初中二年级

3.4 能力提升

【知识自测】

一、判断题

1. 研学旅行课程目标的设计,需围绕主题进行,但可以不用考虑学生的学段特征。( )

2. 体验性目标主要运用于“知识与技能”领域。(　　)

二、单选题

1. 研学旅行课程目标的设计原则不包括(　　)。

A. 综合性　　B. 独立性　　C. 开放性　　D. 可操作性

2. 我国学生素养以培养(　　)为核心,其框架由文化基础、自主发展、社会参与三个方面构成。

A. 全面发展的人　　B. 自由发展的人　　C. 自主创新的人　　D. 独立发展的人

三、多选题

1. 三维目标是指对学生在进行教育过程中,教师应该达到的三个目标,即(　　)。

A. 知识与技能　　B. 核心素养

C. 过程与方法　　D. 情感态度和价值观

E. 综合素质

【能力自测】

阅读下列案例,为初中一至二年级学生设计相应的研学旅行课程总目标和某一个单元课程目标。

走进湿地公园,探访湿地“居民”

甘肃张掖国家湿地公园地处黑河中游祁连山洪积扇前缘和黑河古河道及泛滥平原的潜水溢出地带,土壤类型主要有草甸土、潮土、溪淤土、草甸盐土、沼泽土。湿地植物有 45 科 124 属 195 种,植被复杂多样,主要植被类型有落叶阔叶林湿地植被、落叶阔叶灌丛湿地植被、盐生灌丛湿地植被、莎草型湿地植被、禾草型湿地植被、杂类草型湿地植被、浮水植物和沉水植物湿地植被。公园内常见动物隶属于 3 纲 24 目 42 科 75 属,包括鱼类、两栖类、鸟类和兽类 4 大类动物类型共 100 多种,其中我国国家一级保护动物 5 种、国家二级保护动物 23 种、甘肃省重点保护野生动物 7 种。

2009 年 12 月,甘肃张掖国家湿地公园被批复为国家湿地公园建设(试点)。2011 年,甘肃张掖国家湿地公园被评定为我国国家 AAAA 级旅游风景区。

(材料来自百度百科:甘肃张掖国家湿地公园)

课程总目标:______________________________

____

____

单元课程目标:______________________________

____

____

【学习小结】

学习要点	
执行任务遇到的困难	
解决的办法	

任务4 研学旅行课程内容设计

4.1 任务描述

【任务内容】

在任务3的基础上,完成相应的研学旅行课程内容设计。

【完成方式】

个人。

【成果形式】

文本。

4.2 知识储备

【知识点1】研学旅行课程内容的构成要素

研学旅行课程内容是学生在校外进行研究性学习和旅行体验的对象,是根据研学旅行课程的主题与目标,基于学生发展的实际需求,结合课程资源而设计的教育内容和进程的总和。它包含了学生在旅行参观、考察体验过程中的各类研学资源及其代表的知识、技能、文化、科技、方法、原理,以及传递的思想和人生观、世界观、价值观。

码3-8 研学旅行课程内容的设计原则与要求

一次研学旅行活动,由若干个研学旅行单元课程组成。根据课程主题,研学旅行指导师选择并分析课程资源、确定课程目标、设计课程内容。也就是说,课程内容的设计围绕课程目标进行。研学旅行课程内容由数个单元课程内容组成,每个单元课程内容包括与课程主题相关的单元课程主题、单元课程目标、学习地点、课程时长、学习任务等要素,如图3-3所示。

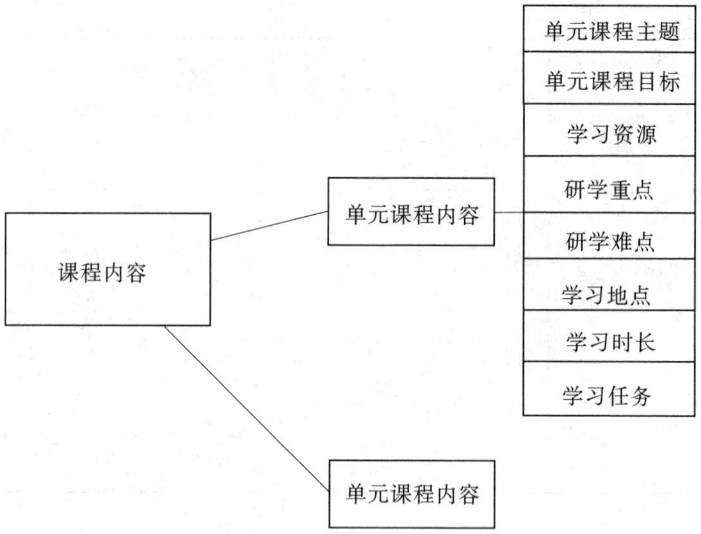

图 3-3　研学旅行课程内容的组成

有关单元课程主题、单元课程目标、课程学习资源的相关知识,具体参见项目 3 任务 1~3。学习地点指实施研学旅行单元课程的具体地点。学习时长指单元课程计划所用的时间,一般以学时为单位计算。在学科教学中,以上课节数(课时)为学习时间的计数单位,小学 40 分钟为 1 课时,中学 45 分钟为 1 课时。目前,完成研学旅行课程所占用的时间尚未统一,根据中国旅行社协会《研学旅行基(营)地设施与服务规范》(T/CATS 002—2019),本书中研学旅行课程学习时长以 60 分钟为 1 学时。学习任务包括过程性学习任务和结果性学习任务。

【知识点 2】研学旅行课程内容的设计原则

根据教育部等 11 部门颁布的《关于推进中小学生研学旅行的意见》,研学旅行是理想信念教育、爱国主义教育、革命传统教育、国情教育的重要载体,研学旅行课程可分为优秀传统文化类、革命传统教育类、国情教育类、国防科工类、自然生态类和劳动教育类六大类型(详见项目 2 任务 3)。研学旅行课程内容的设计,要在科学性、规范性、系统性、完整性等学科课程特征的基础上进行,并遵循以下原则。

1. 教育性原则

研学旅行课程内容虽然依托自然和文化遗产资源、红色教育资源综合实践基地、大型公共设施、知名院校、工矿企业、科研机构等单位进行,但不同于旅游活动,研学旅行课程内容要与教育目标相一致,体现教育性原则。

2. 实践性原则

研学旅行课程在校外进行,教学场景通常是现实生活中的情境,课程内容的学习也是学生的探索实践过程,因而课程内容的设计要突出实践性。

3. 体验性原则

研学旅行课程注重学生的体验感,课程内容在真实场景中实施,相比较于学科课程,研学旅行课程内容要能带给学生更加直观的生活体验、旅行体验、情感态度和价值观体验等。

4. 综合性原则

研学旅行课程内容面向学生的实际情况和发展需求,不同学科间的关联性强。在同一课程,甚至是同一单元课程学习中,学习任务不会局限于单一的知识点或课程类型,学科边界模糊,需要整合并调动综合知识、技能等去解决问题。所以,研学旅行课程内容的设计要符合综合性原则。

5. 发散性原则

研学旅行课程内容是实现课程目标的具体手段,课程目标具有开放性的特征。同一学段的同一次课程,会因学习者具备的经验、知识、思维方式、学习能力等种种个体差异造成学习结果的不同。因此,不同于一般思维活动的内敛性特征,研学旅行课程内容在设计时,要有发散性,以便启发学生进行多角度思考和实践。

【知识点3】研学旅行课程内容的设计要求

研学旅行课程内容的选择与编制,除受课程的主题、目标、资源等条件的制约外,还会受到诸如学生的学习兴趣与学习需求、研学旅行指导师积累的经验、可检索到的文献资料、可借鉴参考的研学旅行课程案例、行业专家的指导、实践类课程开发模式的启发等因素的影响。据此,研学旅行课程内容的设计要符合以下几点要求。

1. 对标课程目标

研学旅行课程目标决定了课程内容,课程内容致力于实现课程目标,两者关系密切。因此,研学旅行课程内容的设计,需要对标课程目标,具体展示学生在本次研学旅行课程中要掌握的知识、技能,以及习得的情感、态度、价值观,突出课程学习的重点和不易被理解掌握的难点,并反映掌握程度。与课程主题和目标无关的部分,不应编排在课程内容中。

2. 结合课程资源

研学旅行课程内容的编制,要以具体的课程资源为基础,课程内容的多样性取决于课程资源的丰富程度和开发水平。基于此,研学旅行课程内容的设计,需要结合各类课程资源的属性特征进行整合,实现内容的主题化。此外,根据时间和空间条件对资源的限制,如课程资源之间的分布距离、时效性等,合理调整课程内容的先后顺序,优化课程内容。

3. 对接学段特征

根据研学旅行课程资源的多重属性,课程内容可以进行不同深度、不同广度的设计与编制。这一点要求研学旅行指导师在筛选、设计课程内容时,要考虑学生的学段要求和学习能力。同一课程资源,针对不同的学段,能够在表现形式、难易程度、拓展延伸方面有所区别,设计出符合学段特征的课程内容。

4. 满足实际需要

研学旅行课程内容要符合研学旅行促进学生健康成长和全面发展的基本要求,因地域差异和学段差异,不同学校、不同学段、不同阶段的研学旅行课程需求各不相同。因此,研学旅行课程内容的设计要在注重系统性、知识性、科学性和趣味性的同时,通过调整课程内容的可接受性,满足学生的实际需要;通过增加社会热点、资源特色等,激发学生的学习兴趣和求知欲,以期在课程内容实施中,努力促成学生的德、智、体、美、劳全面发展。

5. 符合学时安排

研学旅行课程内容的实施受制于学习时长。在设计课程内容时,主要的教学内容、重难点等要有具体的学时安排。课程内容要适量，从而符合对应的学习时长要求。此外，在研学旅行课程教学时长总量固定的情况下，要充分考虑不同课程内容的时间分配。按照课程内容的重要程度、教学方式所需时间、学生的学习需要等，合理安排各部分教学时长。

6. 反映最新动态

研学旅行的实践性特征是要让学生在与日常生活不同的环境中拓展视野、丰富知识、了解社会、亲近自然、参与体验。因此，研学旅行课程内容的设计要体现时代特征，反映课程内容所涉及的社会科学、自然科学领域的最新成果和动态，推动跨学科、跨领域的知识融合。

码 3-9　研学旅行课程内容的收集与整理

【课堂示例】

清凉峰国家自然保护区研学旅行课程内容设计示例

研学地点	单元课程主题	单元课程目标	单元课程学习任务	学时
清凉峰科技馆	我是植物观察员	1. 掌握生物多样性的特点及保护知识； 2. 了解植物的形态特征； 3. 培养爱护自然资源的认知，强化“万物和谐”的理念	1. 参观清凉峰科技馆，学习植物科普常识； 2. 以小组合作的方式，调动五官，观察一株植物，做好记录，完成植物习性观察日志； 3. 以小组形式，完成“植物科普大比拼”知识竞赛	3
千顷塘保护站	争做梅花鹿的守护者	1. 了解国家一级保护动物的概念； 2. 熟悉梅花鹿的种类及生活习性； 3. 增强保护珍稀动植物的意识，学会与自然和谐相处	1. 参观千顷塘保护站，近距离观察华南梅花鹿； 2. 聆听梅花鹿的保护及种群数量增长的故事； 3. 小组合作完成一幅“梅花鹿的理想家园”手绘图	2.5
清凉峰国家自然保护区	我是治水小能手	1. 了解五水共治的内容和重要性； 2. 熟悉五水共治的方法； 3. 树立节约、节俭的新风和正气	1. 学习五水共治相关知识； 2. 完成五水共治对抗赛	2
研学重点	生物多样性的特点及相关保护知识			
研学难点	五水共治内容及方法			

【思政园地】

研学旅行指导师需要根据课程目标，基于学生的全面发展需求，结合课程资源，遵循一定的原则和要求，设计科学合理、内容丰富、特色鲜明的研学旅行课程内容。

4.3 任务实施

【工作流程】

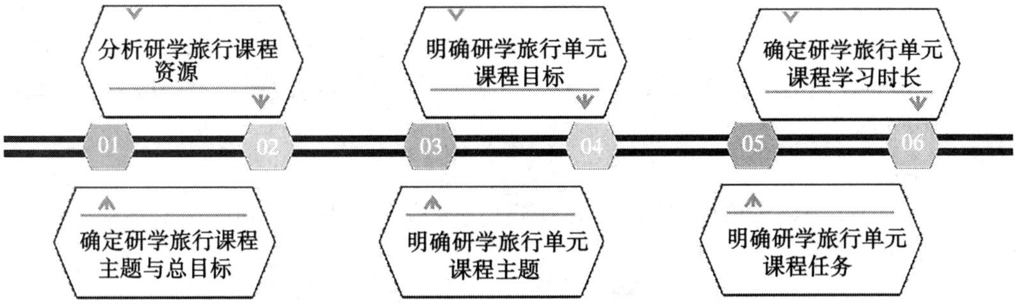

【工作要点】

设计研学旅行课程内容,首先要结合学生学段,确定本次研学旅行课程的主题和总目标。其次在此基础上,结合课程资源,明确本次研学旅行课程所包含的单元课程主题、单元课程目标、学习地点、课程时长、学习任务、研学重点和难点等。

【任务实施】

研学旅行课程内容设计样表

<table>
<tr><td>研学旅行课程主题</td><td colspan="2"></td><td>学生学段</td><td></td></tr>
<tr><td>研学旅行课程总目标</td><td colspan="4">1. 知识目标:

2. 技能目标:

3. 情感目标:</td></tr>
<tr><td colspan="5">研学旅行课程内容</td></tr>
<tr><td>研学地点</td><td>单元课程主题</td><td>单元课程目标</td><td>单元课程学习任务</td><td>学时</td></tr>
<tr><td></td><td></td><td></td><td></td><td></td></tr>
<tr><td></td><td></td><td></td><td></td><td></td></tr>
<tr><td></td><td></td><td></td><td></td><td></td></tr>
<tr><td></td><td></td><td></td><td></td><td></td></tr>
<tr><td></td><td></td><td></td><td></td><td></td></tr>
<tr><td>研学重点</td><td colspan="4"></td></tr>
<tr><td>研学难点</td><td colspan="4"></td></tr>
</table>

4.4 能力提升

【知识自测】

一、判断题

1. 研学旅行课程内容是学生在校外进行研究性学习和旅行体验的对象。(   )

2. 研学旅行课程内容的选择与编制,只受研学旅行课程的主题、目标,以及研学资源的影响。(   )

二、单选题

1. (   )原则要求研学旅行课程内容要能带给学生更加直观的生活体验、旅行体验、情感态度和价值观体验等。

A. 实践性　　B. 教育性　　C. 体验性　　D. 发散性

2. 同一学段的同一次课程,会因学习者具备的经验、知识、思维方式、学习能力等种种个体差异造成学习结果的不同,这要求课程内容设计要体现(   )原则。

A. 实践性　　B. 教育性　　C. 体验性　　D. 发散性

三、多选题

1. 研学旅行课程内容的设计要求包括(   )。

A. 对标课程目标　　B. 满足实际需要　　C. 强调学习结果　　D. 结合课程资源

E. 对接学段特征

【能力自测】

阅读下列材料,分别为小学六年级、高中二年级学生设计不同层次的“鸣沙山月牙泉景区”研学旅行单元课程内容。

敦煌鸣沙山月牙泉景区

“晴空万里蔚蓝天,美绝人寰月牙泉,银山四面沙环抱,一池清水绿漪涟”。敦煌鸣沙山月牙泉景区位于甘肃省酒泉市敦煌市城南 5 km 处,占地面积 76.82 km^2,核心景区面积界定为 12.79 km^2。景区内地貌主要由大、小泉湾和周围的鸣沙山组成。小泉湾是东沙山与北沙山之间的洼地,主要用于办公区和生活区。大泉湾是北沙山与南山之间的洼地,月牙泉和月泉阁等古建筑群分布其内,也是景区的核心。鸣沙山月牙泉从汉代开始就是敦煌八景之一,“沙岭晴鸣”“月泉晓澈”便是古人对这“沙漠奇观”最好的形容。

景区内,沙泉共处,妙造天成。鸣沙山以沙动成响而得名。东汉称沙角山,俗名神沙山,晋代始称鸣沙山,其山东起莫高窟,西至党河口,东西绵延 40 km,南北宽约 20 km,主峰海拔 1 715 m,山体由红、黄、绿、黑、白五色细沙堆积而成。鸣沙山以东是三危山,以南是黑石峰山,以西为戈壁和库姆塔格沙漠。挟带沙质较多的西风和北风在这里受到山体的阻拦,使风中的沙粒沉降下来,久而久之便形成了鸣沙山。在风力作用下,鸣沙山“经宿风吹,辙复如旧”,总是保持着一定的高度和不变的形态。千百年来,鸣沙山依旧巍然屹立,鸣沙之声仍然不绝于耳,此即“沙岭晴鸣”。

月牙泉处于鸣沙山环抱之中,其形酷似一弯新月而得名。古称沙井,又名药泉,清代始称月牙泉。水质甘冽,澄清如镜,绵历古今,沙不进泉,水不浊涸。铁鱼鼓浪,星草含芒,水静印月，荟萃一方，故称“月泉晓澈”。截至 2020 年 4 月，月牙泉东西长 242 m。月牙泉是在松散的地质结构、低洼的地形条件和区域性地下水水位较高的条件下形成的，而构造运动、流水及风力地质作用是月牙泉形成的内在和外在动力条件。尽管斗转星移，风啸沙鸣，月牙泉依然碧水粼粼，宛若明镜。沙水共生，山泉相依，成就了“沙漠第一泉”这一世界奇观。

此外，敦煌鸣沙山月牙泉景区建有集敦煌民间建筑、生活习俗、传统文化精髓为一体的民俗博物馆，还有栽植于 1971 年的夫妻柳，为纪念药王孙思邈而建的药王庙遗址。

2015 年，敦煌鸣沙山月牙泉景区获评国家 AAAAA 级旅游景区、中国敦煌世界地质公园；2016 年，该景区被国家旅游局和环境保护部认定为国家生态旅游示范区；2021 年 11 月，入选 2021 年国家体育旅游示范基地名单。

（材料改编自百度百科：敦煌鸣沙山月牙泉景区）

敦煌鸣沙山月牙泉景区研学旅行单元课程内容设计样表

学　段	小学六年级	高中二年级
课程主题		
课程目标		
课程学习任务		
研学重点		
研学难点		
学　时		

【学习小结】

学习要点	
执行任务遇到的困难	
解决的办法	

任务 5　研学旅行课程线路设计

5.1　任务描述

【任务内容】

根据任务 4 编制的研学旅行课程内容,完成两天一晚研学旅行课程线路设计。

【完成方式】

文本。

【成果形式】

个人。

5.2　知识储备

【知识点 1】研学旅行课程线路设计的原则

从承办方的角度来看,研学旅行课程线路是承办方为满足主办方的研学旅行课程教学需求,以课程内容为依托,以交通为纽带,在出发地、研学旅行目的地及研学场所之间做出时间和空间安排,并将学生在研学旅行中涉及的交通、住宿、餐饮、旅行等各项旅行体验和研究性学习进行统筹协调和有机组合的计划表。研学旅行课程线路直接体现为行程单。研学旅行课程的线路设计,要遵循一定的原则。

码 3-10　研学旅行课程线路设计的原则与流程

1. 教育导向原则

教育导向原则是研学旅行课程线路区别于旅游线路的根本性原则。它要求承办方的研学旅行指导师坚持"教育是目的,旅行是手段",在充分了解主办方的教育理念和教学目的的前提下,对具体的课程教学内容科学地进行组织,使之以更加合理的方式呈现,从而设计出符合研学旅行课程目标和学生需求的线路,实现线路的教育价值。

2. 突出特色原则

主题突出、特色鲜明是研学旅行线路具有市场竞争力的保证。这就要求研学旅行指导师对区域内特色性、典型性或具有多重属性的研学旅行课程资源进行深入挖掘,在线路中充分展示课程的主题和特色,吸引学生的注意力,提高学习兴趣。

3. 结构合理原则

结构合理原则主要体现在旅行顺序科学合理、日程安排择点适量。首先,要依据学生的身心发展特征、认知水准、情感倾向及经验基础,按照各教学单元课程内容之间的内在关联,结合研学场所之间的距离和时间安排,理顺单元课程的顺序,并合理选择出行方式。在交通安排合理的前提下,线路顺序要突出教育的层次性,从基础性内容逐步过渡到发展性内容,同时把握旅行节奏,做到张弛有度。其次,在行程计划时间一定的情况下,安排过多的研学活动,容易使学生感到紧张疲劳,还会降低学习的兴趣和专注力。因此,要根据旅行时间的长短安排适量的研学点。

4. 安全性原则

研学旅行是有一定规模的集体性校外教育活动，在设计研学旅行课程线路时，要把安全放在首位。对线路中的气候环境、研学场所、乘坐的交通工具、运输公司、交通路线、餐饮、住宿等环节逐一进行安全评估和隐患排查，选择出最佳路线，避免选择路途偏远且交通不便的地点，降低安全风险。出行前，及时了解出发地和目的地及沿途的天气变化和道路交通状况，避免在恶劣天气下出行，遇到暴雨、大雾、冰雹等恶劣天气，要就近在安全地带避险，确保学生在研学旅行中的人身、财产等不受损害。

5. 公益性原则

区别于旅游产品线路设计以营利为目的的经济性原则，研学旅行的公益性特点要求研学旅行不以营利为目的，不开展经营性创收，对贫困家庭学生要减免费用。因此，设计研学旅行课程线路时，应在保证旅行活动顺利进行、旅行体验和研究性学习目的得到满足的前提下，加强成本控制，减少不必要的收费项目，尽可能节约研学成本，重视线路中各要素的性价比。

6. 时效性原则

旅行活动与目的地所在的气候环境、自然景观的季节性、人文节庆活动、社会热点密切相关，这使得研学旅行课程的线路设计必须考虑该线路中各类资源组合的最佳时段，有一定的时效性。

【知识点2】研学旅行课程线路设计的流程

1. 明确课程内容

设计研学旅行课程线路时，首先要通过确定研学旅行课程的主题与总目标、学生学段、课程特色、学习资源、研学旅行目的地、研学场所等，明确研学旅行课程内容。然后，根据课程内容，对线路中的各要素进行有机组合，并合理安排学习内容的先后顺序。

2. 选择交通工具

确定好课程内容后，研学旅行指导师需选择从出发地到研学目的地的大交通工具，如火车、汽车、飞机、轮船等。一般来说，市内或周边城市的短距离研学旅行选择汽车，省内或国内等中长距离选择火车、飞机。交通线路的选择要结合目的地的学习内容及可进入性，反复论证后选择最佳路线。在目的地旅行时的小交通工具，一般选用汽车。总之，交通工具和线路的选择，应体现“安全、方便、快捷”的原则。

3. 选择住宿和餐饮

研学旅行强调“集体旅行、集中食宿”。在课程线路设计时，研学旅行指导师需要提前掌握住宿场所的房间设施和安全疏散通道，了解住宿场所的位置及便捷性，充分考虑住宿、研学场所、交通三者之间的关联性，再根据日程安排选择住宿地点。安排餐饮时，要考虑餐饮种类和用餐标准，并对各类课程资源所在地的饮食文化进行考察。在用餐标准内，合理搭配饮食营养并保证饮食安全，同时尽可能让学生了解当地饮食文化，体验特色美食。

4. 确定参与课程实施的合作方

研学旅行课程线路具有综合性的特点，研学旅行课程线路的设计需要与多方合作才能完成。研学旅行目的地研学场所的讲解员、地接导游、教练员等研学旅行课程参与者的专业能力直接影响课程实施的效果。因此,在设计研学旅行课程线路时,要确定好参与研学旅行课程实施过程的合作方,并与对方就所能提供的师资与本课程的教学要求等进行充分沟通,使之深入理解研学旅行与旅游活动的本质区别,认知本单位研学旅行课程资源的教育属性,以便在课程实施中能进行有效教学。

5. 确定研学旅行课程日程

确定好研学旅行课程线路的构成要素后,需要确定具体课程日程,一般须包括各单元课程教学内容的具体日期、时间段、研学地点、单元课程主题、单元课程目标、单元课程任务、所需时长等。从呈现形式来看,研学旅行课程线路是以一定交通方式将研学目的地及研学场所进行合理连接的日程安排表,研学地点构成了课程日程安排的空间教学单元。

【课堂示例】

"水电明珠"刘家峡水电站两日研学旅行课程线路设计示例

研学旅行课程主题	访问高峡平湖 探寻水电奥秘 传承红色基因 ——刘家峡水电站两日研学旅行课程	学生学段	高一、高二
研学旅行课程特色	刘家峡水电站距兰州市 75 km,位于临夏永靖县城西南 1 km 处的黄河峡谷中。这是我国自己勘测设计、自己制造设备、自己施工安装、自己调试管理的第一座百万千瓦级大型水力发电站,创造了新中国水电建设史上的七个第一。有丰富的红色资源,现已成为全国爱国主义教育示范基地、全国首批工业旅游示范点、第二批国家工业遗产名录		
研学旅行课程总目标	1. 知识目标 (1)重温课文《参观刘家峡水电站》,学习郭沫若《满江红 · 游览刘家峡水电站》; (2)深入了解刘家峡水电站的奋斗历史,感悟红色文化; (3)掌握水力发电的原理及水电站科普知识; (4)了解水电站的建成对当地居民在经济、文化、生态环境方面的影响 2. 技能目标 (1)能够熟练背诵所学诗词,提升文学素养; (2)能够完成水力发电机的手工制作,强化动手能力; (3)能够完成水力发电模拟试验,说出能量转换条件,提升科学素养 3. 情感目标 (1)感受社会主义建设取得的伟大成就,激发学生的爱国热情; (2)培养学生继承和弘扬老一辈建设者艰苦奋斗、百折不挠、甘于奉献的革命精神; (3)培养学生的团队合作意识和创新能力		

续表

研学旅行课程行程安排						
日期	地点	时间	单元课程主题	单元课程目标	单元课程学习任务	学时
D1	学校	7:30-10:00	集合登车	1. 了解刘家峡水电站概况; 2. 掌握参观水电站的安全知识	1. 学校集合,统一坐大巴车前往刘家峡水电站; 2. 途中进行水电站介绍,并进行安全教育	2.5
	黄河水电博览馆	10:00-12:00	传承红色基因	1. 学习历史悠久的黄河文化,掌握黄河治理取得的卓越成就,了解黄河流域永靖县周边的风土人情; 2. 感受社会主义建设取得的伟大成就,激发学生的爱国热情	1. 依次参观黄河水电博览馆"文化、治理、水电、景观"为主题的四个展区; 2. 初步了解并总结刘家峡水电站的建造历史、功能和作用	2
	饭店/大巴	12:00-13:00	午餐 活学活用	1. 集体午餐,感受当地饮食文化; 2. 将文学知识应用到考察参观实践中	1. 体验当地特色餐; 2. 途中重温课文《参观刘家峡水电站》,跟着作者的游览顺序前往刘家峡水电站	1
	刘家峡水电站	13:00-16:00	探寻水电奥秘	1. 掌握水力发电的原理及水电站科普知识; 2. 观察并了解水电站工作人员的职业素养和能力要求; 3. 学习红色文化,培养学生继承和弘扬老一辈建设者艰苦奋斗、百折不挠、甘于奉献的革命精神	1. 朗诵郭沫若《满江红 · 游览刘家峡水电站》,感受其中的民族自豪感和荣誉感; 2. 参观刘家峡水库发电机组,掌握水力发电的原理,了解水电站的日常运行、维护工作; 3. 参观"四史"教育实践馆,感受"独立自主、敢为人先"的艰苦创业精神,记录印象最深刻的建设故事,完成"建设者之歌"主题讨论	3
		16:00-18:30	水力发电机模型制作及发电模拟比赛	1. 能够完成水力发电机的手工制作,强化动手能力; 2. 能够完成水力发电模拟试验,提升科学素养	1. 利用学习材料和所学知识,分组制作水力发电机; 2. 分组完成水力发电模拟比赛	2.5
	饭店	18:30-19:30	晚餐 生活教育	体验集中用餐,学习集体生活	前往饭店用晚餐,品黄河鱼宴	1
	大巴	19:30-20:00	安全教育	途中完成酒店入住的安全教育	研学旅行指导师进行酒店入住安全教育	0.5

续表

D1	酒店	20:00—22:00	体验集中食宿	1. 办理入住； 2. 整理记录当天所学知识，培养今日事今日毕的良好习惯； 3. 体验集中住宿	1. 完成研学日志； 2. 洗漱、休息	2
	住宿		××××酒店			
	用餐		早餐□　中餐√　晚餐√			
	交通		汽车√　火车□　飞机□			
D2	酒店	7:00—8:00	生活教育	1. 学会整理行李物品； 2. 掌握退房常识	1. 起床、洗漱； 2. 整理好行李，退房； 3. 用早餐	1
	太极岛	8:00—11:00	感受湿地魅力	1. 了解湿地的作用； 2. 分析此处成为"沙鸥翔集"的鸟类王国的原因	1. 理解"红山白土头，黄河向西流"的含义，学习太极岛湿地知识； 2. 观察并调研太极岛候鸟种群和习性	3
	枣园新村	11:00—12:00	寻访湖畔人家	1. 随机分组，培养团队合作能力； 2. 入户调研，锻炼考察探究等实践能力； 3. 掌握刘家峡水电站为周边居民带来的利好影响	1. 分组入户调研至少 3 家当地居民，了解水电站对他们在生产、生活方面的影响； 2. 完成调研小结	1
	枣园新村、大巴	12:00—15:30	午餐，返程总结反思	1. 在枣园新村集体午餐，品尝特色农家饭； 2. 返程途中分组汇报成果； 3. 总结反思收获与不足	1. 午饭后返程； 2. 途中分组展示学习成果； 3. 总结分享本次研学旅行课程中的感动、感受、收获	3.5
	学校	15:30—16:00	结束研学活动	安全返校	完成结营仪式，结束研学活动	0.5
	用餐		早餐☑　中餐☑　晚餐□			
	交通		汽车☑　火车□　飞机□			

在研学旅行线路设计中，还会涉及研学旅行课程的各项活动费用。简单来说，研学旅行课程费用就是举办研学旅行活动产生的各类花费的总和。其组成要素主要包括餐费、

住宿费、交通费、研学场所门票费、研学师资劳务费(研学旅行指导师、讲解员、导游、项目专家、教练员、安全员、队医等)、物料费(应急物料、教学物料、活动物料)、租赁费、保险费、服务费(承办方旅行社服务费、地接社服务费)等。研学旅行课程费用明细如表3-10所示。

表3-10 研学旅行课程费用明细

序号	要素	明细
1	餐费	研学旅行中产生的正餐(中、晚餐)费用,不含酒水饮料费用
2	住宿费	研学旅行中产生的住宿费用(如不含早餐,早餐费需计算在餐费中)
3	交通费	往返出发地与目的地的大交通费用、目的地产生的小交通费用
4	门票费	需购票研学场所产生的门票费用,需注意学生票的优惠政策
5	劳务费	研学旅行指导师、项目专家的课酬及服务费,讲解员、导游、教练员、安全员、队医等相应的劳务报酬等
6	物料费	1. 教学物料:如教材、研学旅行手册、教具、文具、奖品等; 2. 活动物料:如横幅、校旗、照相机、摄像机、存储卡、服装费等; 3. 应急物料:如医药箱、雨衣、防疫物资等
7	租赁费	用于组织开展研学旅行课程的场地租赁
8	保险费	购买人身意外险、旅游意外险、研学专属险等各类保险的费用
9	服务费	承办方旅行社服务费、地接社服务费
10	其他	其他在研学旅行活动开展期间产生的非个人费用

【思政园地】

研学旅行课程线路是研学旅行课程的计划表,也是日程安排表。在设计课程线路时,要在满足教育需求的前提下,突出公益性,最大程度体现教育的公平性。

5.3 任务实施

【工作流程】

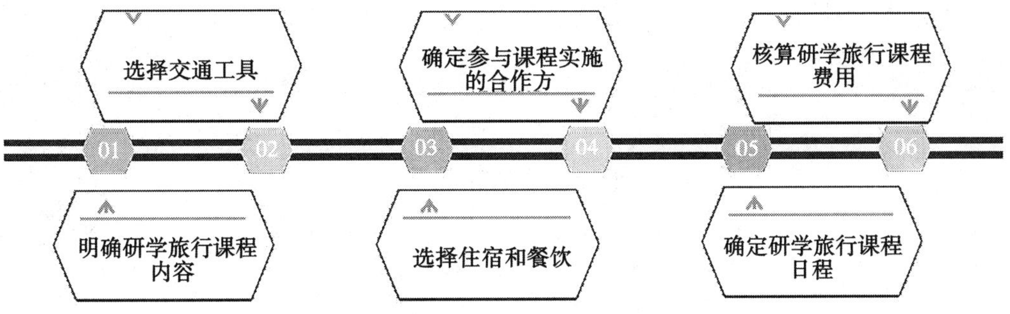

【工作要点】

研学旅行课程线路设计就是将研学旅行课程中的要素、环节等进行合理的优化组合，并编制成日程安排表的过程。费用核算是将研学旅行课程从设计到实施阶段产生的各类花费，以及承办方的服务费用合计在一起，算出总和的过程。因研学旅行课程是综合性教育活动，构成要素较多，在做研学旅行线路设计和费用核算时，研学旅行指导师要细致耐心，并做好核对工作，不要漏掉单元课程活动，并避免漏算产生费用的项目。

【任务实施】

两天一晚研学旅行课程线路设计与费用核算样表

<table>
<tr><td>研学旅行课程主题</td><td></td><td>学生学段</td><td></td></tr>
<tr><td>研学旅行课程特色</td><td colspan="3"></td></tr>
<tr><td>研学旅行课程
总目标</td><td colspan="3">1. 知识目标：

2. 技能目标：

3. 情感目标：</td></tr>
<tr><td>课程费用明细</td><td colspan="3">费用包含：
1. 餐费：
2. 住宿费：
3. 交通费：
4. 门票费：
5. 劳务费：
6. 租赁费：
7. 物料费：
8. 保险费：
9. 服务费：
10. 其他：
费用不包含：

费用合计：　　元/人</td></tr>
</table>

续表

研学旅行课程行程安排						
日期	地点	时间	单元课程主题	单元课程目标	单元课程学习任务	学时
D1						
	住宿					
	用餐		早餐□	中餐□	晚餐□	
	交通		汽车□	火车□	飞机□	
D2						
	用餐		早餐□	中餐□	晚餐□	
	交通		汽车□	火车□	飞机□	

5.4　能力提升

【知识自测】

一、判断题

1. 教育导向原则是研学旅行课程线路区别于旅游线路的根本性原则。(　　)

2. 在设计研学旅行课程线路时，只要是主办方提出的要求，应当全部满足。(　　)

二、单选题

1. 研学旅行线路设计要坚持(　　　)第一的原则。

A. 立德树人　　B. 安全　　C. 培养人才　　D. 经济效益

2. 在设计研学旅行课程线路时，只要是主办方提出的要求，应当全部满足。(　　)

A. 研学旅行是校外教育活动，在行程计划时间一定的情况下，应尽可能多地安排研学活动

B. 研学旅行课程线路设计时，交通工具和线路的选择应体现“安全、方便、快捷”的

原则

C. 研学旅行课程线路设计时,要充分展示课程的主题和特色

D. 从呈现形式来看,研学旅行课程线路是以一定交通方式将研学目的地及研学场所进行合理连接的日程安排表

三、多选题

1. 研学旅行课程线路设计的原则有(　　)。

A. 安全性原则　　B. 经济性原则　　C. 结构合理原则　　D. 教育导向原则

E. 突出特色原则

【能力自测】

结合所学知识,分析并总结研学旅行课程设计与旅游产品设计在设计原则和流程方面有哪些异同。

研学旅行课程设计 VS 旅游产品设计(样表)

项目	相同之处	不同之处
设计原则		
设计流程		

【学习小结】

学习要点	
执行任务遇到的困难	
解决的办法	

任务 6 研学旅行课程实施设计

6.1 任务描述

【任务内容】

根据任务 5 设计的研学旅行课程线路,完成研学旅行课程实施的设计。

【完成方式】

个人。

【成果形式】

文本。

6.2 知识储备

码 3-11 研学旅行课程实施方式设计

【知识点 1】研学旅行课程实施方式设计

在明确研学旅行课程的主题与目标、了解课程资源的特点、熟悉课程内容及课程线路规划之后,研学旅行指导师需要基于学生发展的实际需求确定最佳的课程实施方式,以实现预定的研学旅行目标。研学旅行课程实施方式是研学旅行指导师在研学旅行课程教学活动中,为达到一定教学效果而采用的各种形式。不同于校内教学,研学旅行是在真实的生产生活场景中开展的校外教学活动,教学环境多样、开放且复杂,在这种情况下,研学旅行课程教学方式和方法的选择会受到不同教学情境的影响。

研学旅行是一种综合实践活动,研学旅行课程实施方式丰富多样。根据教育部《中小学综合实践活动课程指导纲要》,综合实践活动的主要方式有考察探究、社会服务、职业体验及设计制作,教育部《大中小学劳动教育指导纲要(试行)》中提出:劳动教育是大中小学必须开展的教育活动。基于此,结合研学旅行课程的六大类型,研学旅行课程的实施方式可总结为考察探究、社会服务、职业体验、设计制作、党团队教育活动、博物馆参观、劳动教育。

1. 考察探究

1)概念

考察探究是学生基于自身兴趣,在研学旅行指导师的指导下,从自然、社会和学生自身生活中选择和确定研究主题,开展研究性学习,在观察、记录和思考中,主动获取知识,分析并解决问题的过程,如野外考察、社会调查等。

2)特点

考察探究注重运用实地观察、访谈、试验等方法获取材料,形成理性思维、批判质疑和勇于探究的精神。

3)设计流程

考察探究的设计流程为:明确课程的主题与目标;了解课程资源的特点;熟悉课程内容的编排;发现并提出问题;提出假设,选择方法,研制工具;获取证据;提出解释或观念;

交流、评价探究成果；反思和改进，如图 3-4 所示。

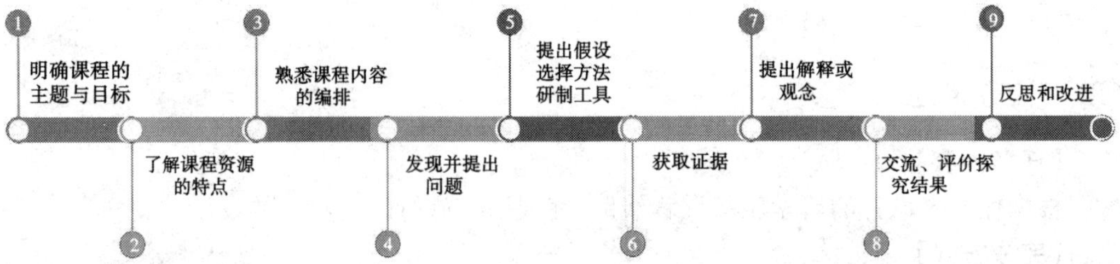

图 3-4 考察探究的设计流程

2. 社会服务

1) 概念

社会服务指学生在研学旅行指导师的指导下，走出教室，参与社会活动，以自己的劳动满足社会组织或他人的需要，如公益活动、志愿服务、勤工俭学等。

2) 特点

社会服务强调学生在满足被服务者需要的过程中，获得自身发展，促进相关知识技能的学习，提升实践能力，成为履职尽责、敢于担当的人。

3) 设计流程

社会服务的设计流程为：明确课程的主题与目标；了解课程资源的特点；熟悉课程内容的编排；明确服务对象与需要；制订服务活动计划；开展服务行动；反思服务经历；分享服务经验，如图 3-5 所示。

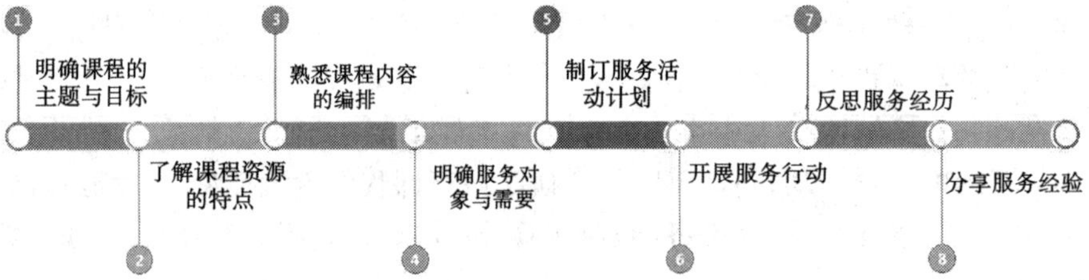

图 3-5 社会服务的设计流程

3. 职业体验

1) 概念

职业体验指学生在实际工作岗位上或模拟情境中见习、实习，体验职业角色的过程，如军训、学工、学农等。

2) 特点

职业体验注重让学生获得对职业生活的真切理解，发现自己的专长，培养职业兴趣，形成正确的劳动观念和人生志向，提升生涯规划能力。

3) 设计流程

职业体验的设计流程为：明确课程的主题与目标；了解课程资源的特点；熟悉课程内容的编排；选择或设计职业情境；实际岗位演练；总结、反思和交流经历过程；概括提炼经验,行动应用,如图3-6所示。

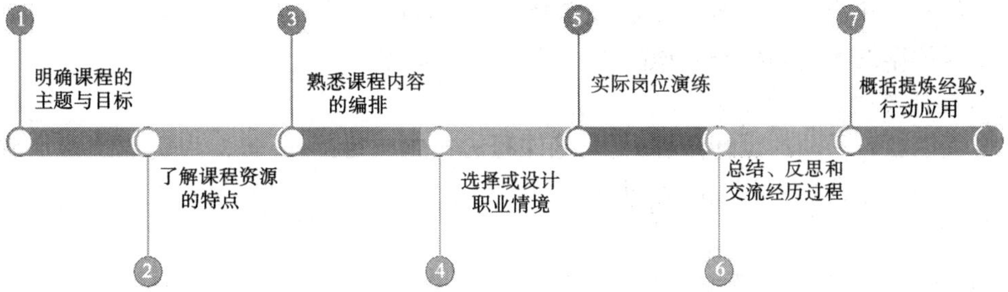

图3-6 职业体验的设计流程

4. 设计制作

1) 概念

设计制作指学生运用各种工具、工艺(包括信息技术)进行设计,并动手操作,将自己的创意、方案付诸现实,转化为物品或作品的过程,如动漫制作、编程、陶艺创作等。

2) 特点

设计制作注重提高学生的技术意识、工程思维、动手操作能力等。在活动过程中,鼓励学生手脑并用,灵活掌握、融会贯通各类知识和技巧,提高学生的技术操作水平、知识迁移水平,体验工匠精神等。

3) 设计流程

设计制作的设计流程为:明确课程的主题与目标;了解课程资源的特点;熟悉课程内容的编排;进行创意设计;选择活动材料或工具;动手制作;交流展示物品或作品;反思与改进,如图3-7所示。

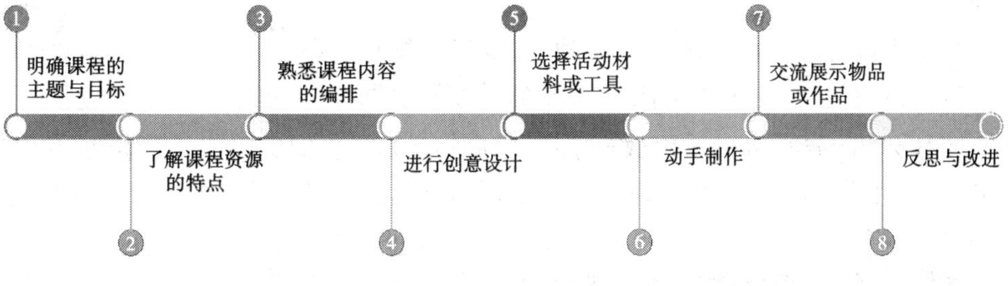

图3-7 设计制作的设计流程

5. 党团队教育活动

1) 概念

党团队教育活动指由中国共产党、中国共产主义青年团、中国少先队组织开展的,以培养学生良好思想品德和健全人格为根本的,有主题、有目的、有实施方案的教育性活动,如主题团日活动、主题党日活动、少先队建队日活动、理想信念教育、社会主义核心价值观教育、中华优秀传统文化教育、生态文明教育、心理健康教育等主题教育活动。

2) 特点

党团队教育活动注重培养学生爱党、爱国、爱人民,增强国家意识和社会责任意识,教育学生理解、认同和拥护国家政治制度，了解中华优秀传统文化、革命文化、社会主义先进文化，增强“四个自信”，引导学生养成良好的政治素质、道德品质、法治意识和行为习惯，形成积极健康的人格和良好心理品质，促进学生核心素养提升和全面发展。

3）设计流程

党团队教育活动的设计流程为：明确课程的主题与目标；了解课程资源的特点；熟悉课程内容的编排；制订活动方案；开展教育活动；展示活动成果；反思与改进，如图 3-8 所示。

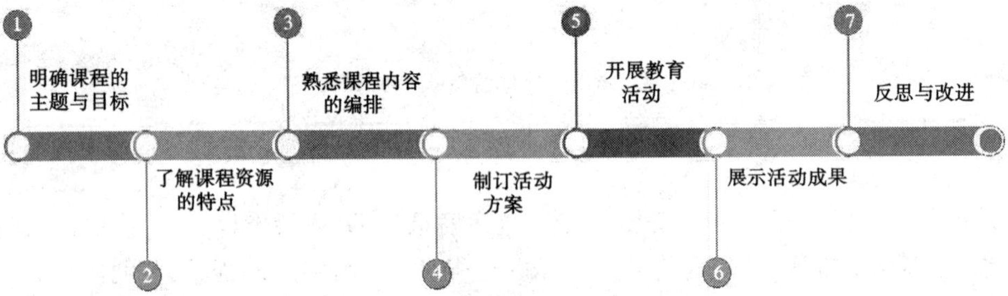

图 3-8　党团队教育活动的设计流程

6. 博物馆参观

1）概念

博物馆参观指学生在研学旅行指导师的带领下，前往各类专业博物馆、展览馆、纪念馆进行参观、考察、体验、探究等活动，如参观茶叶博物馆、湿地博物馆、工业博物馆、地质博物馆、历史博物馆、科技博物馆、革命纪念博物馆等。

码 3-12　博物馆专家谈中小学生博物馆研学旅行课程设计

2）特点

博物馆中蕴含着丰富的教育资源，博物馆参观具有启发性、探究性、参与性等特点。博物馆研学旅行课程是开发学生思维，促进学生积极走向社会和开阔眼界的重要教育手段，它能够激发学生的求知欲和探索性，在增长知识的同时，培养学生的道德情操，增强文化认同感、民族自豪感，提升学生的综合素质。

3）设计流程

博物馆参观的设计流程为：明确课程的主题与目标；了解课程资源的特点；熟悉课程内容的编排；参观、考察、听讲解；体验探究；任务实践；成果展示与分享；知识拓展；总结反思，如图 3-9 所示。

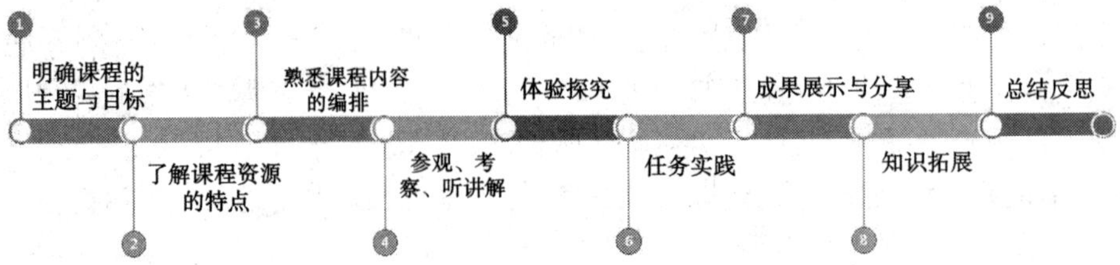

图 3-9　博物馆参观的设计流程

7. 劳动教育

1) 概念

劳动教育是发挥劳动的育人功能,对学生进行热爱劳动、热爱劳动人民的教育活动,教育内容主要包括学习日常生活劳动、生产劳动和服务性劳动中的知识、技能与价值观。

2) 特点

劳动教育是新时代党对教育的新要求,是中国特色社会主义教育制度的重要内容,是全面发展教育体系的重要组成部分,是大中小学必须开展的教育活动。它具有鲜明的思想性、突出的社会性,以及显著的实践性。

3) 设计流程

劳动教育的设计流程为:明确课程的主题与目标;了解课程资源的特点;熟悉课程内容的编排;选择或设计劳动情境;讲解说明;淬炼操作;项目实践;反思交流;榜样激励,如图 3-10 所示。

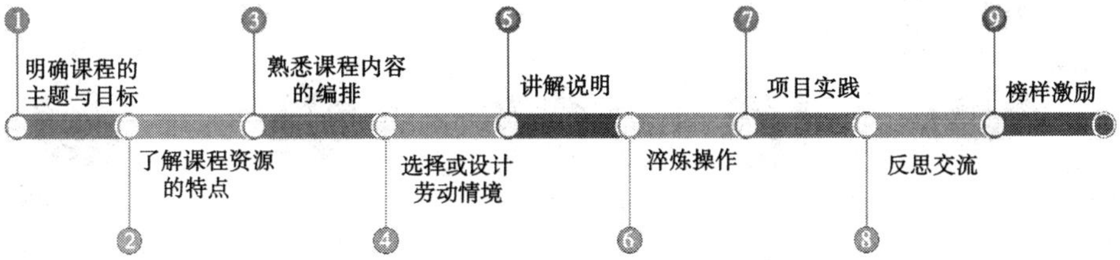

图 3-10 劳动教育的设计流程

研学旅行课程的实施方式,可根据具体的课程类型有所侧重,以某种方式为主,兼顾其他方式,如以动手体验为主,兼顾参观考察;也可以通过整合方式实施,使不同活动要素彼此渗透、融会贯通。研学旅行课程的组织方式,要根据实际情况灵活运用,可以采用集中学习或集中与分散学习相结合的方式;可以以小组合作方式为主,或集体学习,也可以通过个人独立探究进行。不管采用何种组织与实施方式,都要引导学生根据兴趣、能力、特长、课程需要,明确分工,做到人尽其责,合理高效。总之,研学旅行课程实施方式的设计既要让学生有独立思考的时间和空间,又要充分发挥合作学习的优势,重视培养学生的自主参与意识与合作沟通能力。同时,鼓励学生利用信息技术手段突破时空界限,有效促进问题解决、交流协作、成果展示与分享等。

【知识点 2】研学旅行课程实施方法设计

研学旅行课程实施方法指师生为达到一定的教学目的、完成教学任务而采用的具体的、可操作的教学措施和教学手段,包括教法和学法两部分。相比较而言,实施方式外延大于实施方法,具有全面性;实施方法为实施方式服务,更加具体。研学旅行课程实施过程中,使用到的教学方法多种多样,要选择与教学内容最贴切,最能完成教学目标并有效启发学生开展自主探究的教学方法。下面,介绍几种常用的教法和学法。

码 3-13 研学旅行课程实施方法设计

1. 讲授法

1）概念

讲授法是研学旅行指导师通过简明、生动的口头语言向学生叙述事实、描绘情境、解释概念、传递信息、传授知识、论证定律和公式的方法。

2）特点

使用讲授法有利于控制教学进程，使学生在较短时间内能获得大量系统的科学知识。研学旅行的实践性和体验性特征决定了研学旅行课程实施中的教学方法不单纯依靠以直接传授为特点的讲授法，而是需要结合多种方法进行。

3）设计流程

讲授法的设计流程为：回顾相关经验知识；明确课程主题和目标；讲解新知识；布置任务；总结反馈，如图3-11所示。

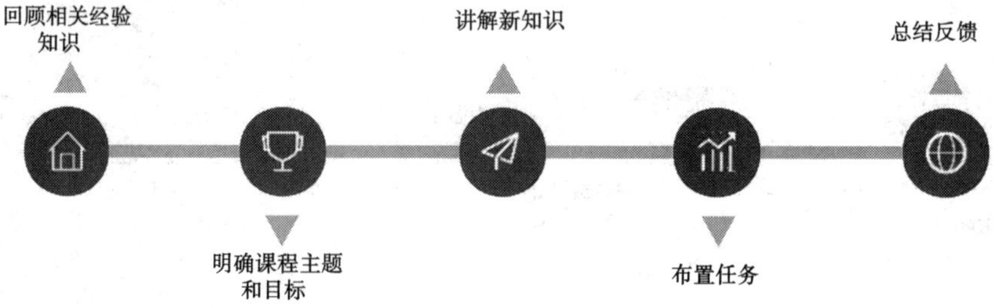

图3-11　讲授法的设计流程

2. 讨论法

1）概念

讨论法是在研学旅行指导师的指导下，学生以小组或班级为单位，围绕研学旅行课程中提出的问题，通过讨论或辩论活动，获得知识或巩固知识的一种教学方法。

2）特点

讨论法可以通过集体参与培养学生的合作精神，激发学生的学习兴趣，提高学生学习的独立性。

3）设计流程

讨论法的设计流程为：提出问题和具体要求；指导学生收集资料或进行调查研究；启发、引导学生参与讨论；总结改进，如图3-12所示。

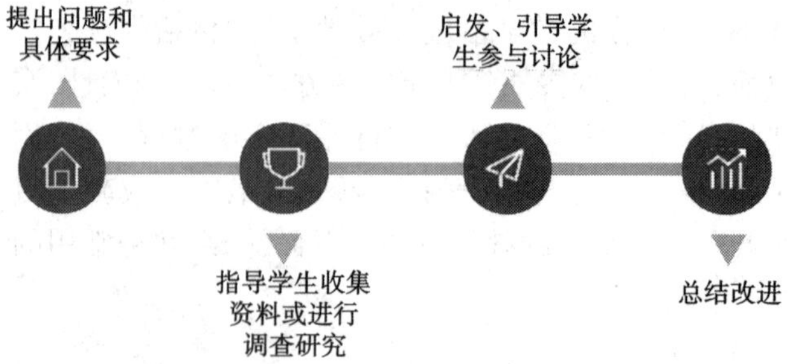

图3-12　讨论法的设计流程

3. 演示法

1) 概念

演示法是研学旅行指导师在教学现场通过展示各种实物、直观教具或进行示范性试验,让学生通过观察获得感性认识的教学方法。

2) 特点

相对于讲授法,演示法最显著的特征就是形象直观,有助于调动学生的学习积极性。作为一种辅助型教学方法,演示法通常配合其他教学方法如讲授法、现场教学法等一起使用,它对提高学生的学习兴趣、发展观察能力和抽象思维能力、减少学习中的困难有重要作用。

3) 设计流程

演示法的设计流程为:提出问题和具体要求;明确演示对象;示范性演示并引导学生观察;知识拓展;总结反思,如图3-13所示。

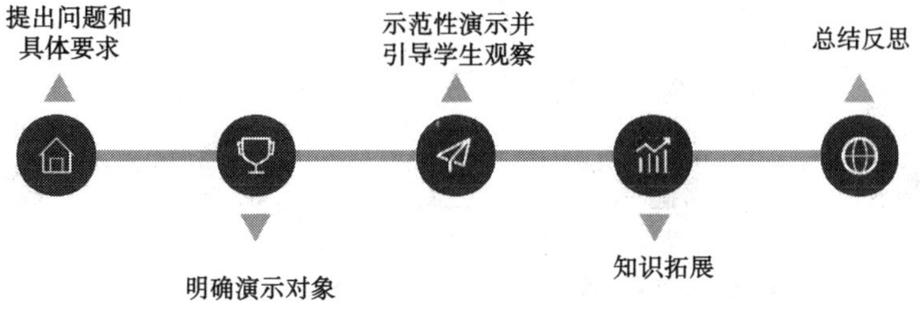

图3-13 演示法的设计流程

4. 情境体验法

1) 概念

情境体验法指研学旅行指导师有目的地引入或创设形象生动的情境来引起学生一定的态度体验,从而帮助学生理解知识与技能,并使学生身心得到发展的一种教学方法。

2) 特点

情境体验法能激发学生的求知欲和好奇心,增强学生参与学习活动的兴趣,挖掘学生的内在潜力,开发学生的智力、能力和想象力,培养学生的创造意识和自主探究、合作探究的能力。

3) 设计流程

情境体验法的设计流程为:明确课程目标和任务;创设情境,准备素材,激发学习兴趣;开展情境体验活动;引导学生自主探究;总结反馈,如图3-14所示。

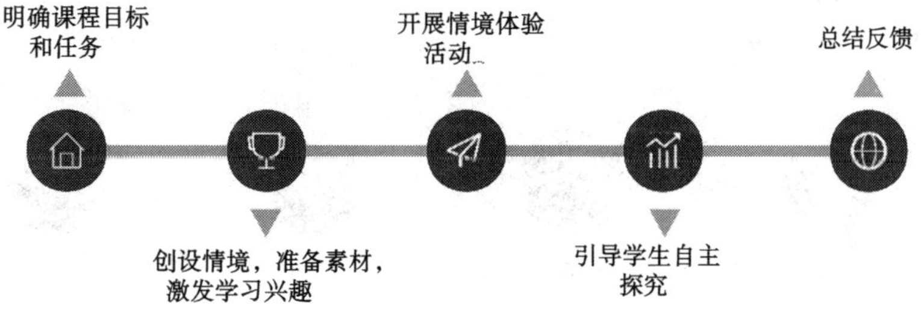

图3-14 情境体验法的设计流程

5. 角色扮演法

1)概念

角色扮演法指研学旅行指导师在研学旅行课程教学中,通过情景模拟,要求学生扮演指定行为角色,并对其行为表现进行评定和反馈,以此来帮助学生发展和提高行为技能的教学方法。

2)特点

角色扮演法有利于充分调动学生参与研学活动的积极性,能够锻炼学生的沟通能力、自我表达能力、相互认知能力等社会交往能力,培养团队精神,树立集体荣誉感。

3)设计流程

角色扮演法的设计流程为:提出问题,策划剧情;确定角色,布置场景;团队合作,分配任务;准备道具,进行表演;分析评价,总结提升,如图 3-15 所示。

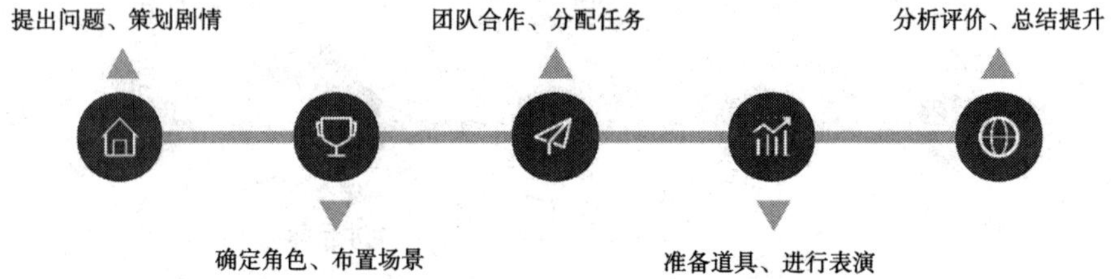

图 3-15　角色扮演法的设计流程

6. 任务驱动法

1)概念

任务驱动法以建构主义学习理论为基础,是指学生在研学旅行指导师的帮助下,紧紧围绕任务活动,在强烈的问题动机驱动下,通过对学习资源的主动应用,进行自主探索或互动协作学习,在完成任务的过程中获得知识与技能的教学方法。

2)特点

任务驱动法可以以小组为单位进行,也可以以个人为单位组织进行,在学生完成任务的过程中,有利于培养独立探索精神及合作精神,提高他们分析问题、解决问题的能力。

3)设计流程

任务驱动法的设计流程为:创设情境,提出任务;分析任务,明确要求;小组合作/自主学习、完成任务;总结评价,反思提升,如图 3-16 所示。

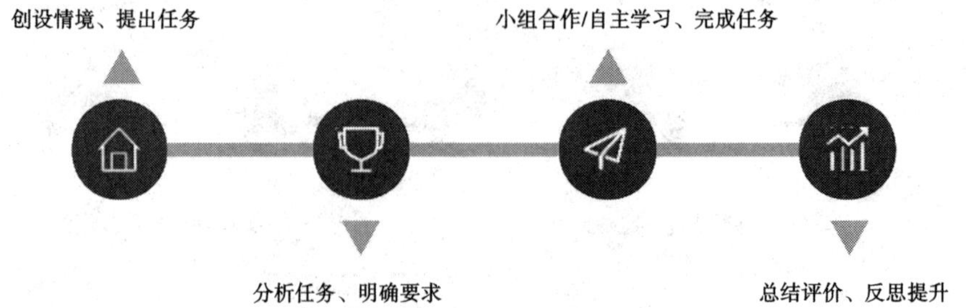

图 3-16　任务驱动法的设计流程

7. 现场教学法

1) 概念

现场教学法是以研学旅行课程教学现场为中心,以现场实物为对象,以学生活动为主体的教学方法。

2) 特点

现场教学法主要应用于试验设计、实践操作、动植物性状的观察记载方法等教学情景中。此方法能够缩短理论教学与实际生产应用的距离,提高教学的时效性、针对性和实用性。

3) 设计流程

现场教学法的设计流程为:围绕目标,选好现场;设计方案,准备材料;介绍内容,明确要求;现场讲解,解答问题;总结评价,拓展延伸,如图3-17所示。

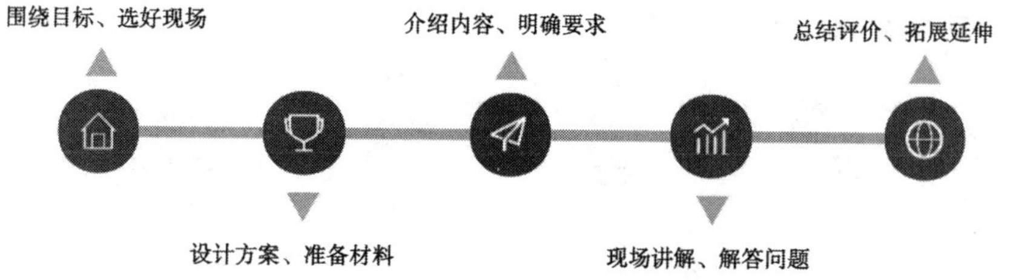

图3-17 现场教学法的设计流程

8. 参观访问法

1) 概念

参观访问法指组织或指导学生在具体的研学场所(如博物馆、森林公园、文化遗址等)进行实地观察、调查、研究和学习,从而获得新知识或巩固已学知识的教学方法。

2) 特点

参观访问法要求学生围绕参观内容收集有关资料,质疑问难,做好记录,参观结束后,整理参观笔记,写出书面参观报告,将感性认识升华为理性知识。参观访问法可使学生巩固已学的理论知识,掌握最新的前沿知识。

3) 设计流程

参观访问法的设计流程为:明确参观地点和学习内容;参观中收集有关资料;质疑问难,做好记录;参观结束后,整理笔记;写出参观报告;拓展延伸,如图3-18所示。

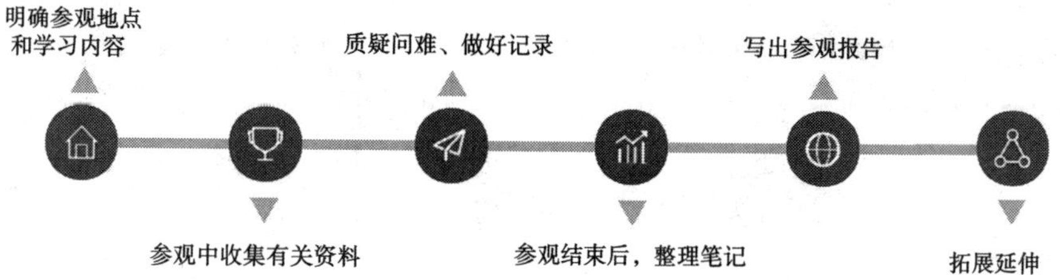

图3-18 参观访问法的设计流程

9. 合作学习法

1) 概念

合作学习法指学生为了完成共同的研学旅行课程任务,通过组建小组或团队,明确责任分工而进行的互助性学习。

2) 特点

合作学习法一方面能够培养学生的团队合作精神、社会交往能力及创新精神;另一方面有利于培养学生的竞争意识、平等意识和承受能力。此外,合作学习法能使学生把被动学习变为主动参加,能够激励学生主动学习。

3) 设计流程

合作学习法的设计流程为:明确主题,做好准备;确定小组,分配任务;参与合作,完成任务;自测反馈,总结评价,如图 3-19 所示。

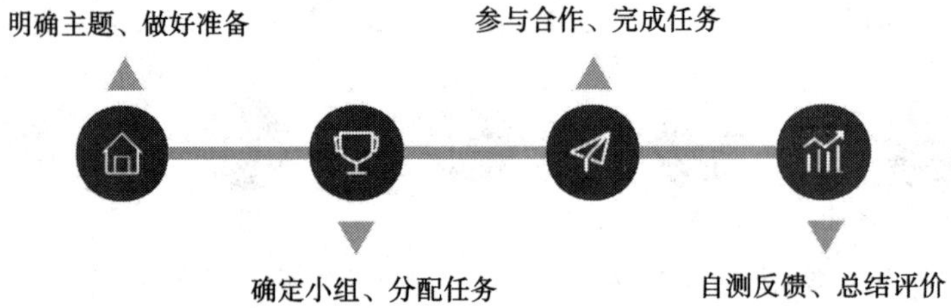

图 3-19 合作学习法的设计流程

10. 自主学习法

1) 概念

自主学习法与传统的接受性学习相对应,是一种以学生为学习主体,通过阅读、听讲、研究、观察、实践等手段,在知识与技能、方法与过程、情感与价值观等方面得到持续提升的学习方法。

2) 特点

自主学习法主要应用于拓展性课程内容的教学。通过组织学生自主学习,可以充分拓宽学生的视野,培养学生的学习习惯和自主学习能力,锻炼学生提出问题、解决问题的能力,从而提高学生的综合素质。

3) 设计流程

自主学习法的设计流程为:围绕主题,制订计划;建立目标,注重氛围;检查评价,反省改进,如图 3-20 所示。

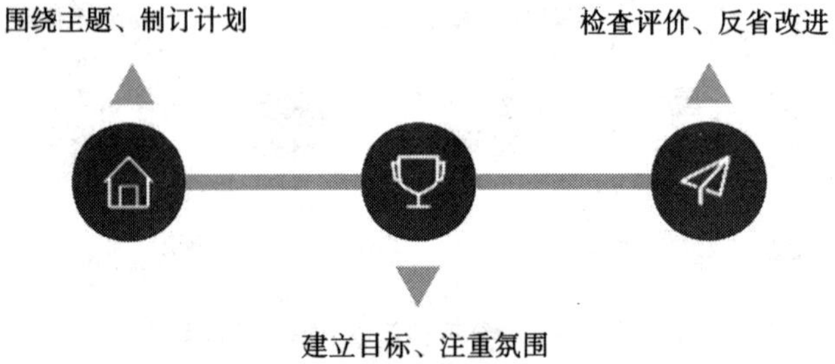

图 3-20 自主学习法的设计流程

【知识点3】研学旅行课程实施师资团队建设

研学旅行课程的实施不是由一个老师完成，而是由一个团队合作完成的。研学旅行课程师资团队主要由主办方、承办方、供应方等三方中直接参与到研学旅行中的人员组成，如学校代表、带队老师、项目组长、研学旅行指导师、项目专家、导游、讲解员、安全员、其他工作人员（详见项目1任务2）。从构成上来看，研学旅行课程的师资具有团队性和跨界性两大特点。团队性要求师资团队成员分工协作、配合开展研学旅行课程教学，培养学生的综合素养；跨界性则要求来自不同领域的师资成员将自身的行业优势与课程教学紧密结合，突出研学旅行课程的教育性。

综上所述，为了顺利实施研学旅行课程，完成课程预定目标，在研学旅行教学活动中，需要从创新意识、并轨联动、工作活力、团队精神等方面不断加强师资建设。

码3-14 研学旅行课程实施流程设计与安全保障设计

【知识点4】研学旅行课程实施流程设计

研学旅行课程按照实施的时间顺序，可分为研学旅行前、研学旅行中、研学旅行后三个阶段。由此，研学旅行课程实施流程设计分为行前准备、行中实施、行后总评三部分。

1. 行前准备阶段

在行前准备阶段，根据教育部《关于推进中小学生研学旅行的意见》的要求，研学旅行要做到“活动有方案，行前有备案，应急有预案”。“活动有方案”指要提前拟定研学旅行课程实施方案；“行前有备案”指要按管理权限提前报教育行政部门备案，告知家长本次研学旅行活动的具体事宜，加强学生和教师的研学旅行事前培训和事后考核；“应急有预案”指要提前落实安全注意事项、制订研学旅行安全防范措施、编写应急预案。行前准备阶段需完成的具体内容如下：

（1）与承办方（多为旅行社）、保障方（保险公司）签订合作协议和承诺书，明确委托企业或机构承担学生研学旅行安全责任；

（2）建立与承办方的沟通渠道；

（3）完成课程选题与课程实施方案编制；

（4）完成应急预案；

（5）到当地主管教育行政部门备案；

（6）通过家长委员会、致家长的一封信或召开家长会等形式告知家长活动意义、时间安排、出行线路、费用收支、注意事项等信息，与家长签订协议书，明确学校、家长、学生的责任权利；

（7）组建研学旅行课程师资团队，对学校教师、承办方研学旅行指导师等团队成员进行课程主题与目标、课程内容的选择与表达、课程实施与组织、学生管理技能、课程评价、成果展示、安全责任及防范意识等方面的培训，明确任务与分工；

（8）做好学生行前安全教育、文明旅行行为规范、课程内容说明、行程安排、纪律要求等方面的组织与动员；

（9）组织完成出发前的各项教学准备、物资准备、个人物品准备、心理准备等工作。

2. 行中实施阶段

研学旅行行中实施阶段作为研学旅行课程的重要环节，简单来说，就是在实践中落实行前编制的研学旅行课程方案，完成课程预设目标、培养学生综合素养的过程。行中实施阶段的设计，主要包括以下几个方面：

(1)举行开营仪式，开营仪式的地点可以选择学校或研学线路的第一目的地；

(2)完成每日常规工作，如“叫早”服务与早餐、前往研学场所参观学习途中的组织与管理、组织教学、布置研学任务、检查任务的完成进度与能力提升、落实并组织用餐、晚间学习与就寝、成果整理与展示、研学旅行团队例会、安全保障等；

(3)完成研学旅行途中的交通、食宿、教学等内容的调度协调、沟通汇报工作；

(4)处理偶发事件及意外情况，解决各类问题；

(5)做好研学旅行单元课程学习效果及课程实施的过程性评价。

3. 行后总评阶段

研学旅行行后总评阶段是对整个研学旅行进行集中总结反馈、全面提升学生综合素质、完善研学旅行课程方案设计的重要过程。本阶段的内容主要包括：

(1)对本次研学旅行课程的外显性学习成果进行展示，成果展示包括文本类成果、影像图片类成果、实践创作类成果、口头表达类成果等；

(2)总结回顾本次研学旅行课程的知识与技能等成果，通过拓展延伸，全面提升学生的综合素质和核心素养；

(3)完成研学旅行课程学习成果的综合评价；

(4)处理研学旅行行后遗留问题，完成善后服务；

(5)完成对供应方的评估；

(6)完成研学旅行课程方案设计、课程实施方面的总结与反思。

【知识点5】研学旅行课程实施的安全保障设计

研学旅行课程实施的安全保障，主要指针对可能发生的意外事件或事故，提醒学生在研学旅行课程中必须遵守的预防性或禁止性措施。研学旅行课程实施的安全保障，需要从以下几个方面设计：

(1)在研学旅行前，通过实地勘查，对研学旅行课程线路中的研学场所、目的地路况及出行期间的气候气象、交通工具、住宿场所等事项的安全性进行细致考察，排查各类安全隐患；

(2)建立研学旅行安全管理工作方案，明确工作人员的安全职责及要求；

(3)在研学旅行中，根据研学场所的安全管理制度及教学时间要求，如参观生产车间、工业遗址的安全规范防护措施、体验生产流程的安全保障措施、自然环境中的防晒防暑防蚊虫叮咬措施、尊重民风民俗等基于社会规则的预防措施等，制定详细具体的安全注意事项及防范措施，并及时对学生进行提醒；

(4)及时关注研学旅行目的地及沿途地区的天气状况，避免在恶劣天气状况下出行；

(5)根据生师比配备安全保障人员，建立研学旅行安全教育培训制度，加强行前、行中、行后的安全教育，全面落实各项保障措施；

(6)根据学生的学段特点制订包括交通、食宿、教学内容、地质灾害、财物失窃、治安事件、意外伤害、突发疾病等临时性突发事件在内的安全应急预案，厘清突发事件处理流程。

【思政园地】

"凡事预则立，不预则废"。研学旅行课程实施是整个研学旅行活动的核心环节，研学旅行指导师在设计实施过程时，要根据课程主题与目标，结合课程资源的特点与课程内容，从课程实施方式、教学方法、师资团队、安全保障、实施流程等方面提前做好计划。

6.3 任务实施

【工作流程】

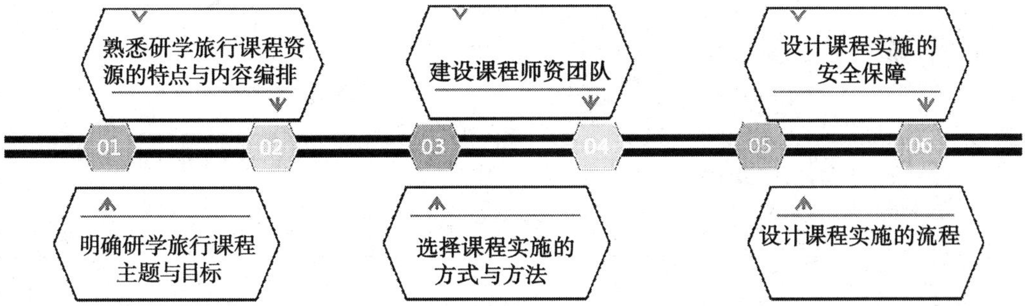

【工作要点】

研学旅行课程实施中，师资团队的相互配合与优势互补是非常重要的一个环节，要注意激发团队的合作精神。在选择课程实施的方式与方法时，一定要结合具体的课程内容和课程资源特点进行。此外，安全问题贯穿于整个研学活动，在课程实施环节，研学旅行指导师要注意结合具体的研学地点和场所，设计并落实安全保障制度和具体应对措施。

【任务实施】

两天一晚研学旅行课程实施样表

研学旅行课程主题		学生学段	
研学旅行课程特色			
研学旅行课程总目标	1. 知识目标： 2. 技能目标： 3. 情感目标：		

续表

<table>
<tr><td colspan="3">课程费用明细</td><td colspan="5">费用包含：
1. 餐费：
2. 住宿费：
3. 交通费：
4. 门票费：
5. 劳务费：
6. 租赁费：
7. 物料费：
8. 保险费：
9. 服务费：
10. 其他：
费用不包含：

费用合计： 元/人</td></tr>
<tr><td colspan="3">参与人员</td><td colspan="5">教师名单
（略）</td></tr>
<tr><td colspan="8">研学旅行课程行程安排</td></tr>
<tr><td>日期</td><td>地点</td><td>时间</td><td>单元课程主题</td><td>单元课程目标</td><td>单元课程学习任务</td><td>学时</td><td>具体负责人</td></tr>
<tr><td rowspan="2">行前</td><td></td><td></td><td></td><td></td><td></td><td></td><td></td></tr>
<tr><td></td><td></td><td></td><td></td><td></td><td></td><td></td></tr>
<tr><td rowspan="10">行中
D1</td><td></td><td></td><td></td><td></td><td></td><td></td><td></td></tr>
<tr><td></td><td></td><td></td><td></td><td></td><td></td><td></td></tr>
<tr><td></td><td></td><td></td><td></td><td></td><td></td><td></td></tr>
<tr><td></td><td></td><td></td><td></td><td></td><td></td><td></td></tr>
<tr><td></td><td></td><td></td><td></td><td></td><td></td><td></td></tr>
<tr><td colspan="2">研学重点</td><td colspan="5"></td></tr>
<tr><td colspan="2">研学难点</td><td colspan="5"></td></tr>
<tr><td colspan="2">住宿</td><td colspan="5"></td></tr>
<tr><td colspan="2">用餐</td><td colspan="5">早餐□ 中餐□ 晚餐□</td></tr>
<tr><td colspan="2">交通</td><td colspan="5">汽车□ 火车□ 飞机□</td></tr>
</table>

续表

<table>
<tr><td rowspan="3">行中
D1</td><td colspan="2">研学方式</td><td colspan="5">考察探究□　社会服务□　职业体验□　设计制作□　党团队教育活动□
博物馆参观□　劳动教育□</td></tr>
<tr><td colspan="2">研学方法</td><td colspan="5">讲授法□　讨论法□　演示法□　情境体验法□　角色扮演法□　任务驱动法□
现场教学法□　参观访问法□　合作学习法□　自主学习法□</td></tr>
<tr><td colspan="2">教学用具</td><td colspan="5"></td></tr>
<tr><td rowspan="14">行中
D2</td><td></td><td></td><td></td><td></td><td></td><td></td><td></td></tr>
<tr><td></td><td></td><td></td><td></td><td></td><td></td><td></td></tr>
<tr><td></td><td></td><td></td><td></td><td></td><td></td><td></td></tr>
<tr><td></td><td></td><td></td><td></td><td></td><td></td><td></td></tr>
<tr><td></td><td></td><td></td><td></td><td></td><td></td><td></td></tr>
<tr><td></td><td></td><td></td><td></td><td></td><td></td><td></td></tr>
<tr><td></td><td></td><td></td><td></td><td></td><td></td><td></td></tr>
<tr><td colspan="2">研学重点</td><td colspan="5"></td></tr>
<tr><td colspan="2">研学难点</td><td colspan="5"></td></tr>
<tr><td colspan="2">用餐</td><td colspan="5">早餐□　中餐□　晚餐□</td></tr>
<tr><td colspan="2">交通</td><td colspan="5">汽车□　火车□　飞机□</td></tr>
<tr><td colspan="2">研学方式</td><td colspan="5">考察探究□　社会服务□　职业体验□　设计制作□　党团队教育活动□
博物馆参观□　劳动教育□</td></tr>
<tr><td colspan="2">研学方法</td><td colspan="5">讲授法□　讨论法□　演示法□　情境体验法□　角色扮演法□　任务驱动法□
现场教学法□　参观访问法□　合作学习法□　自主学习法□</td></tr>
<tr><td colspan="2">教学用具</td><td colspan="5"></td></tr>
<tr><td rowspan="3">行后</td><td colspan="2">成果展示形式</td><td colspan="5">文本类□　影像图片类□　实践创作类□　口头表达类□</td></tr>
<tr><td colspan="2">综合评价</td><td colspan="5"></td></tr>
<tr><td colspan="2">总结与反思</td><td colspan="5"></td></tr>
<tr><td colspan="3">安全保障措施</td><td colspan="5"></td></tr>
<tr><td colspan="3">其他注意事项</td><td colspan="5"></td></tr>
</table>

6.4 能力提升

【知识自测】

一、判断题

1. 研学旅行具有实践性、体验性等特征,因而讲授法不适用于研学旅行课程教学(　　)。

2. 对于研学旅行指导师来说,每一次研学旅行课程所要达到的教学目标虽然都是具体而不同的,但其所采用的教学模式却可以是相同的(　　)。

二、单选题

1. 学生在研学旅行指导师的指导下,从实际工作岗位上或模拟情境中见习、实习,体认职业角色的过程,这样的研学旅行方式是(　　)。

A. 劳动教育　　B. 考察探究　　C. 社会服务　　D. 职业体验

2. (　　)指研学旅行指导师给学生布置探究性的学习任务,学生查阅资料,对知识体系进行整理,选出代表进行讲解,再由教师进行总结的教学方法。

A. 讲授法　　B. 参观访问法　　C. 任务驱动法　　D. 现场教学法

三、多选题

1. 研学旅行课程实施流程设计分为(　　)、(　　)、(　　)。

A. 行前准备　　B. 任务布置　　C. 行中实施　　D. 任务检查

E. 行后总结

【能力自测】

阅读材料,回答问题。

"古调独弹 百年易俗"

1912 年,在辛亥革命的感召下,由陕西同盟会会员李桐轩、孙仁玉发起,以"移风易俗、启迪民智、辅助教育、推陈出新"为宗旨创立了革命剧社——西安易俗社。这是我国第一个集戏曲教育、创作和演出为一体的新型秦腔艺术团体,被誉为世界三大古老剧社之一,是全国重点文物保护单位、国家级非物质文化遗产重点保护单位,也是第三批陕西省中小学生研学旅行实践教育基地之一。鲁迅先生曾多次到西安易俗社观看演出,题写"古调独弹"匾额。百余年来,西安易俗社涌现出众多秦腔名家,创作剧目 800 余部,1000 余册。

西安易俗社研学基地包含易俗社百年博物馆、易俗社剧场、易俗大剧院、中国秦腔博物馆、易俗社文化街区、古戏楼、多媒体室、报告厅、琴房、排练厅、练乐室、舞美道具制作室、音乐教室、舞蹈教室、美术教室、体验互动馆等多个功能性场馆。

(材料来源:陕西研学在线)

请你根据所学知识,就上述材料,运用任务驱动法、合作学习法,为中小学生编写西安易俗社考察探究式研学旅行课程教学内容。

西安易俗社考察探究式研学旅行课程内容设计样表

<table>
<tr><td>研学旅行课程主题</td><td colspan="4"></td><td colspan="2">学生学段</td><td></td></tr>
<tr><td>研学旅行课程特色</td><td colspan="7"></td></tr>
<tr><td>研学旅行
课程总目标</td><td colspan="7">1. 知识目标：
2. 技能目标：
3. 情感目标：</td></tr>
<tr><td colspan="8">考察探究式研学旅行课程安排</td></tr>
<tr><td>日期</td><td>地点</td><td>时间</td><td>单元课程主题</td><td>单元课程目标</td><td>单元课程学习任务</td><td>学时</td><td>研学方法</td></tr>
<tr><td></td><td></td><td></td><td></td><td></td><td></td><td></td><td></td></tr>
<tr><td></td><td></td><td></td><td></td><td></td><td></td><td></td><td></td></tr>
<tr><td></td><td></td><td></td><td></td><td></td><td></td><td></td><td></td></tr>
<tr><td>研学重点</td><td colspan="7"></td></tr>
<tr><td>研学难点</td><td colspan="7"></td></tr>
<tr><td>教学用具</td><td colspan="7"></td></tr>
<tr><td>成果形式</td><td colspan="7">文本类□　　影像图片类□　　实践创作类□　　口头表达类□</td></tr>
</table>

【学习小结】

学习要点	
执行任务遇到的困难	
解决的办法	

任务 7　研学旅行课程评价设计

7.1　任务描述

【任务内容】

在任务 6 完成的两天一晚研学旅行课程实施方案的基础上，自选其中一个教学单元，选择恰当的评价方法，完成研学旅行单元课程评价的设计。

【完成方式】

个人。

【成果形式】

文本。

码 3-15　研学旅行课程评价设计

7.2　知识储备

研学旅行课程评价的核心问题包括评价对象、评价方法和评价流程三方面。

【知识点 1】研学旅行课程的评价对象设计

教育部等 11 部门颁布的《意见》中提出，要对学生参加研学旅行的情况和成效进行科学评价，并将评价结果逐步纳入学生学分管理体系和学生综合素质评价体系。研学旅行课程评价是根据课程信息和评价标准，以科学的方法检查课程目标、课程内容与课程实施是否实现教育目的，以及实现程度如何的一个价值判断和学习效果反馈的过程。研学旅行课程评价类型多样，评价方法有量化评价和质性评价；评价对象范围广泛，既包括课程本身，又包括参与课程实施的学生、师资团队、承办方、供应方等。因此，研学旅行课程评价的设计要以促进学生综合素质持续发展为目的，构建合理科学的评价指标与体系。

1. 对课程的评价设计

研学旅行课程的评价设计，要从课程理念、课程目标、课程内容、课程结构、课程实施方案等方面进行。其中，对课程理念、课程目标、课程内容的评价，用于判断课程设计的科学性；对课程结构的评价，用于判断课程设计的系统性；对课程实施的评价，用来判断课程设计的合理性。研学旅行课程评价设计如表 3-11 所示。

2. 对课程参与者的评价设计

1）学生

对学生的评价主要是根据学习成果、研学旅行课程目标达成度的高低，以及学生通过研学旅行是否在预期的行为、能力方面产生变化等，判断学习效果，分析、查找问题，从而反馈并改进课程设计。

教育部《中小学综合实践活动课程指导纲要》提出，要将学生在综合实践活动中的各种表现和活动成果作为分析考察课程实施状况与学生发展状况的重要依据，对学生的活动过程和结果进行综合评价。因此，对学生的评价要结合具体的研学旅行课程特点进行。一般情况下，可按照评价的功能，以过程性评价和成果性评价对学习成果进行评价指标设计。过程性评价注重评价学生在学习过程中的行为表现和产生的变化，成果性评价侧重于在一个具体的教学活动结束后对学生达成的学习结果进行评价。研学旅行课程学生评价设计如表3-12所示。

表3-11 研学旅行课程评价设计

一级指标	二级指标	评价内容
课程体系	完整性	课程理念、课程目标、课程内容、课程结构、课程实施等要素
	系统性	课程主题、课程资源、课程目标、课程内容、课程实施等环节具有相关性
	规范性	课程结构规范,课程内容与实施围绕课程目标展开,课程评价反映课程目标的完成度
课程设计要素	课程理念	能落实立德树人的根本任务; 能体现发展学生核心素养的根本要求; 明确课程着力培养的正确价值观、必备品格和关键能力
	课程主题	符合研学旅行课程主题的选题原则; 符合研学旅行课程主题的命名要求
	课程资源	符合研学旅行课程资源开发的原则; 能顺利通过研学旅行课程资源开发的可行性评估
	课程目标	符合国家对研学旅行课程的总要求,符合课程内容; 符合研学旅行课程目标设计的原则; 目标陈述规范,具有可操作性
	课程内容	内容编制具有系统性,单元课程内容相互关联,层次清晰,能反映课程总主题; 符合课程内容的设计原则和设计要求
	课程线路	符合研学旅行课程线路设计的原则; 在课程实施中符合预设的线路规划
	课程结构	单元课程内容相互衔接; 单元课程内容顺序科学; 单元课程学时分配合理
	课程实施	课程实施的安全性评价; 研学旅行指导师的课程教学与组织评价; 研学师资对学生的管理评价
	课程评价	具有系统性、科学性与适切性; 围绕课程方案进行,能反馈课程目标; 能检验课程实施的效果

表 3-12　研学旅行课程学生评价设计

评价类型	一级指标	二级指标	评价内容
过程性评价	知识	信息记录	能细心观察，学习信息记录及时、准确、完整、清晰； 能随时记录学习中的体验感悟
		反思应用	理解并掌握所学内容，能进行及时反思和应用
		迁移拓展	能在掌握所学内容的基础上，迁移情景，拓展思路，举一反三
	能力	生活能力	有良好的卫生习惯和生活习惯，能独立完成日常生活； 能管理好自己的物品，合理安排时间，生活有序； 饮食健康、消费合理，作息规律
		信息处理能力	能有目的地收集、判断、分析、表现信息
		合作能力	具有合作意识，能认真倾听、尊重他人； 能资源共享，与团队成员协作完成共同任务
		沟通能力	思维清晰、语言表达流畅，逻辑清楚； 善于提问，能积极回答问题
		探究能力	能消化吸收所学内容； 能发现问题、分析问题、解决问题
		实践能力	能主动参与各类社会实践、动手操作、设计制作等活动； 能利用所学知识与技能，完成实践任务，获得成果
		创新能力	具有创新意识和想象力，求知欲强； 善于捕捉新信息，主动发现问题； 能积极思考、提出自己的观点
		反思能力	能正确认知自我，调节情绪，约束行为； 善于反思、总结、不断改进
		审美能力	能感受到生活、自然、艺术、科学文化中的美； 掌握一定的审美知识，对自然、文化具有欣赏能力； 能在学习中通过多种形式表现美
	行为	纪律秩序	遵守研学旅行课程要求，服从老师的管理； 参观学习遵守纪律，有序排队，安全意识强，能自觉维护公共秩序； 时间观念强，不迟到，不影响课程学习的进程
		文明礼仪	在公共场合不大声喧哗打闹，言行举止文明； 在参观学习中能爱护公共财产，保护环境，做到文明旅行； 学习过程中能认真倾听老师的讲解、观看示范，不随意打断、不妄加议论

续表 3-12

评价类型	一级指标	二级指标	评价内容
过程性评价	态度	品德修养	热爱祖国，崇尚科学，有正确的人生观和价值观； 诚实守信、遵纪守法，尊敬师长、团结同学、礼貌待人； 能珍惜集体荣誉，维护集体利益，有社会责任感
		学习态度	学习态度端正，学习目的明确，学习愿望强烈； 学习准备充分，能主动学习，勤于思考，勇于尝试
成果性评价	文本类成果	完整性	信息完整、结构清晰
		规范性	语言表述连贯、书写规范
		科学性	信息准确，知识运用科学，问题分析具有逻辑性
		创新性	观点视角独特，有一定的创新性
	口头表达类成果	流畅性	表述自然流畅，观点清晰准确、用词贴切
		完整性	信息完整、结构清晰
		规范性	语言表述连贯、书写规范
		创新性	观点视角独特，有一定的创新性
	影像图片类成果	主题性	主题突出，积极向上，内容充实，结构合理
		技术性	成果的表现手法能表现出影像、图片的艺术性，展示一定的技术价值
		艺术性	成果具有艺术审美价值
		创新性	成果视角独特，有一定的创新性
	实践创作类成果	主题性	主题突出，积极向上，内容充实，结构合理
		技术性	成果的表现手法能表现出制作技术、制作工艺等
		艺术性	成果具有艺术审美价值
		创新性	成果视角独特，具有创新性

在研学旅行课程中,学生的学习成果可分为外显性成果和内化性成果。外显性成果形式多样,多采用成果性评价。内化性成果反映在学生参与学习过程中的行为表现,通常采用过程性评价。研学旅行课程学习成果类型如表 3-13 所示。

表 3-13　研学旅行课程学习成果类型

学习成果类型	表现形式
外显性成果	文本类成果、口头表达类成果、影像图片类成果、实践创作类成果
内化性成果	知识成果、能力成果、行为成果、态度成果

2) 师资

研学旅行师资作为研学旅行课程的具体实施者,至关重要。根据项目 1 任务 2,研学旅行课程的师资有广义和狭义之分。广义上,研学旅行课程师资包括直接参与课程教学的研学旅行指导师及监督研学旅行活动、辅助教学、进行学生管理的其他师资成员。此处,对研学旅行师资的评价是狭义范围内的,只针对研学旅行指导师进行。研学旅行指导师一般由承办方派出,接受主办方和学生的评价。评价内容包括研学旅行指导师的职业素养和职业能力两大部分,如表 3-14 所示。

表 3-14　研学旅行课程师资评价设计

一级指标	二级指标	评价内容
职业素养	政治素养	有坚定的政治方向、政治立场、政治观念、政治态度和政治信仰; 自觉维护党和国家的领导,维护国家和民族的尊严; 带头践行社会主义核心价值观; 不发表错误观点、不编造散布虚假信息和不良信息; 不出现损害国家利益、社会公共利益或违背社会公序良俗的行为
	知识素养	具备研学旅行的相关知识; 具备一定教育学、心理学知识; 掌握相关法律、法规知识; 有丰富的博物通识知识; 熟悉商务礼仪知识; 掌握互联网信息技术知识
	职业道德素养	爱岗敬业,能够恪尽职守,因材施教; 公平诚信,能够坚持原则,处事公道; 关爱学生,能够尊重学生个体差异,维护学生的合法权益; 保障安全,能够始终把学生的安全放在首位
	能力素养	在研学旅行行前,与主办方建立沟通渠道,为学校提供研学旅行课程方案,做好研学旅行课程教学的物资准备,与供应方合作洽谈; 在行中落实教学内容,做好学生的组织与管理,以及紧急情况的预警与处理; 在行后做好课程的总结与评价,完成对学生及供应方的评价

续表 3-14

一级指标	二级指标	评价内容
职业能力	课程设计能力	能够以研学旅行课程教学的根本目的为出发点，针对学段特点，围绕研学旅行的课程主题、课程目标、课程内容、课程资源、教学方式、教学方法、课程评价等各个环节，设计出研学旅行课程方案
	课程教学能力	语言教学能力：善于沟通，语言准确、具有示范性，表达通俗生动、风趣幽默，思维连贯、富有条理性和层次感； 课程组织与实施能力：具有充分而广博的知识储备、灵活而有条理的教学思维，一定的沟通技巧和丰富的教学能力，能对地接导游、讲解员等提供的单元主题课程教育服务进行适当补充
	课程管理能力	行前课程管理能力：能够与项目组长配合，做好和主办方、供应方、保障方的沟通联系，准备好开展研学旅行课程所需物资，设计研学旅行课程方案； 行中课程管理能力：能够胜任研学旅行活动的日常教学管理，熟悉应急预案，能够处理途中突发事件； 行后课程管理能力：能够完成课程设计与实施的总结报告，完成各项评价工作

3）承办方

对承办方的评价，主要从履行合同内容、课程实施能力、研学旅行管理服务三方面进行。得出的评价结果，一方面可以检测双方合同的完成情况；另一方面，可以成为承办方是否有机会与主办方在未来继续合作的依据。研学旅行承办方评价设计如表 3-15 所示。

表 3-15 研学旅行承办方评价设计

一级指标	二级指标	评价内容
履行合同内容	课程方案的执行情况	能够按照合同规定完成所有课程单元的研究性学习，获得相应的旅行体验
	交通、食宿标准	交通工具、食宿标准符合合同要求，安全可靠
	师资团队结构	能按照合同要求，配备相应的工作人员； 研学旅行指导师的数量和水平符合要求，能够胜任本职工作

续表 3-15

一级指标	二级指标	评价内容
课程实施能力	对课程内容的把握	研学旅行指导师理解研学旅行课程的教育性； 研学旅行指导师熟悉课程知识； 研学旅行指导师掌握课程内容的逻辑结构
	对教学计划的落实	能够按照课程方案落实教学计划
	对课程教学的组织	重点突出，表达清晰，条理清楚，指导规范，时间安排合理； 善于调动学生的学习积极性
	对学生的指导	能培养学生树立正确的情感、态度、价值观； 能对学生的学习过程进行相应的指导，帮助学生解决问题； 能指导学生进行知识、技能方面的拓展
研学旅行管理服务	对学生的管理与服务	能够教育、约束、引导学生在研学旅行中的行为表现和纪律表现； 能够为学生提供相应的旅行服务； 能够为学生提供合同要求的其他服务，如导游服务等
	与主办方的沟通配合	能够配合学校代表和带队老师的工作，就研学旅行过程中可能出现的计划变更、学生管理、课程落实、应急处理等问题及时沟通并解决落实
	对供应方、保障方的调度协调	能够与研学场所所在景区、场馆、营地，交通运输部门，住宿酒店，餐饮部门就所需产品和服务标准进行调度协调； 能够与保险公司、医疗、公安部门等保障方进行相关协调

4）供应方、保障方

供应方及保障方由承办方做出评价，评价内容包括交通服务、住宿服务、餐饮服务、研学场所服务、地方陪同导游服务、保险服务及医疗救助服务等。研学旅行供应方、保障方评价设计如表 3-16 所示。

表 3-16　研学旅行供应方、保障方评价设计

一级指标	二级指标	评价内容
交通服务	交通工具	交通工具的选择符合安全性这一要求，符合《研学旅行服务规范》（LB/T 054—2016）标准要求
	交通信息	已提前告知学生及家长相关交通信息，如交通工具类型、出发时间、地点等
	安全防范	能进行交通安全教育； 能有序组织学生乘坐交通工具； 能在途中随机开展安全巡查

续表 3-16

一级指标	二级指标	评价内容
住宿服务	服务质量	符合《研学旅行服务规范》(LB/T 054—2016)标准； 能进行住宿安全教育； 服务态度热情周到； 能及时解决住宿相关问题
	硬件设施	符合安全、干净、舒适的基本要求； 便于学生集中住宿和管理； 住宿设施符合合同标准
餐饮服务	食品安全	符合《研学旅行服务规范》(LB/T 054—2016)标准； 食材干净新鲜,符合餐饮标准； 能按有关规定做好食品留样工作
	服务质量	能组织学生有序就餐并配合做好巡餐工作； 服务态度热情周到； 能及时解决就餐相关问题
研学场所服务	学习资源	以安全性为前提,学习资源具有典型性,便于学生参观学习、体验实践
	教育师资	能提供研学旅行资源的讲解服务或示范操作
	安全管理	有完善的安全管理制度、安全防控预案与应对措施,以及安全防控人员
地方陪同导游服务	讲解服务	符合《研学旅行服务规范》(LB/T 054—2016)标准； 能够提供符合教育服务的研学旅行导游讲解服务
	导游服务	能够进行随团安全教育和文明旅游教育； 能够配合工作人员提供研学旅行中的各类生活保障服务
保险服务	保险服务	能够按照与承办方签订的合同,提供风险保障产品和服务
医疗救助服务	随团医疗救助服务	符合《研学旅行服务规范》(LB/T 054—2016)标准； 能够按照与承办方签订的合同,提供研学旅行途中常见病的预防与治疗服务； 能够对学生开展随团生命健康教育； 如遇突发疾病或意外伤害,能够进行急救性救助

此外,主办方(学校)由学校主管部门、学生、家长等评价主体围绕学校在本次研学旅行中的管理体系、师资配备、课程设计与实施效果、保障机制等做出评价。

【知识点 2】研学旅行课程评价方法选取的依据

研学旅行课程评价是一个价值判断的过程。评价的价值取向决定了评价的方法选择。根据价值取向,研学旅行课程评价可分为目标取向的课程评价、过程取向的课程评价,以及主体取向的课程评价,如图 3-21 所示。

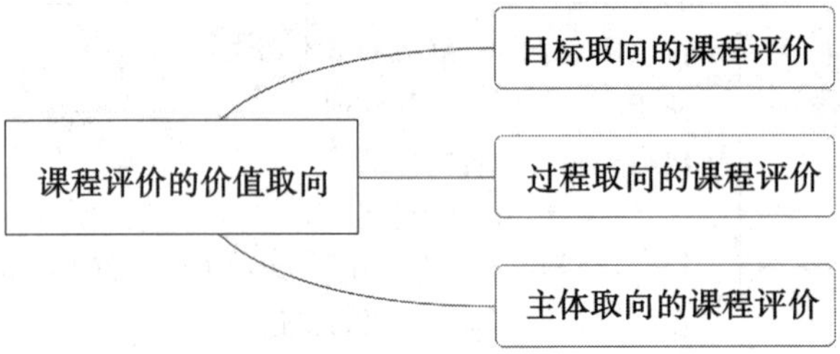

图 3-21 研学旅行课程评价的价值取向

"课程评价之父"泰勒认为,课程评价是将课程计划和预定课程目标相对照的过程,预定目标是评价的唯一标准。这类评价以目标为价值取向,追求科学性和客观性,所采用的课程评价基本方法为量化研究方法。对于研学旅行课程而言,目标取向的课程评价是将研学旅行课程中学生的各类学习成果所体现的课程计划落实情况与研学旅行课程总目标和单元课程目标相对照的过程。

相对于目标取向的课程评价,过程取向的课程评价认为,课程评价需将教师和学生在课程开发、实施及教学过程中的全部行为和表现都纳入到评价的范围,课程预定目标不再是唯一的评价标准,它主张不论是否与预定目标相符,与教育价值相关的学习结果都应当受到评价。站在研学旅行课程评价的角度,过程取向的课程评价内涵契合研学旅行课程内容的实践性、体验性、综合性和发散性等特征。过程取向的课程评价既可以采用量化评价方法,也可以采用质性评价方法。

主体取向的课程评价认为课程评价是评价者与被评价者共同建构意义的过程。根据评价主体的不同,可把课程评价分为自我评价和外来评价。主体取向的课程评价多采用质性评价。教育部《中小学综合实践活动课程指导纲要》要求综合实践活动要突出评价对学生的发展价值,鼓励学生自我评价与同伴间的合作交流和经验分享。因此,研学旅行课程如果采用主体取向的课程评价,可以进行自我评价、同学互评、研学旅行指导师评价、家长评价、基(营)地评价和旅行社评价等。主体取向的课程评价有利于调动学生主动参与评价的积极性,改变评价主体的单一性,实现评价主体的多元化,建立由学生、家长、社会、学校和教师等共同参与的评价机制,研学旅行课程主体取向评价方法如表 3-17 所示。

表3-17 研学旅行课程主体取向评价方法

评价主体	评价方法
自我评价	学生根据老师作出的评价对自己在研学旅行中的表现和成果进行评价,反思总结收获与不足,提出改进措施
同学评价	小组内成员相互进行客观、具体的评价; 对其他学习小组及成员进行客观、具体的评价
研学旅行指导师评价	根据学生在本次研学旅行学习中的行为表现记录和完成的学习成果,设计评价表,做出客观评价
家长评价	对学生在研学旅行中的真实表现和学习成果进行评价
其他评价	基(营)地参与研学旅行的工作人员对学生具体表现作出评价; 旅行社导游、项目专家等对学生的表现和学习成果进行评价

【知识点3】研学旅行课程的评价方法

码3-16 研学旅行课程评价

1. 量化评价

根据评价手段的不同,研学旅行课程评价方法可为量化评价和质性评价。

量化评价指根据教育目的和课程目标,将复杂的教育现象和课程现象简化为数量,通过数量分析获得评价结果的方法。量化评价通常以分数的形式呈现评价结果。评价表设置一定的分值,参与评价者结合实际情况,根据评价指标进行勾选,如表3-18所示。

2. 质性评价

质性评价指以人文主义为认识论基础,通过文字、图片等描述性手段,对评价对象的各种特质进行全面充分的揭示,以彰显其价值,促进理解的教育评价活动。质性评价是一个由所有课程参与者(学生、师资成员、家长等)共同参与的、连续性的、动态的评价过程。质性评价以非量化的评语、记录、量规等描述性材料作为判断依据得出结论,评价结果通常以等级呈现,如表3-19所示。

研学旅行通过集体旅行、集中食宿开展教育活动,是一种复杂的教育现象,对研学旅行课程的评价,可采用量化评价和质性评价相结合的评价方法,避免将评价简化为分数或等级。

表 3-18 研学旅行课程师资量化评价表

一级指标	二级指标	评价内容	非常符合(5分)	基本符合(4分)	一般(3分)	不太符合(2分)	非常不符合(1分)
职业素养	政治素养	有坚定的政治方向、政治立场、政治观念、政治态度和政治信仰; 自觉维护党和国家的领导,维护国家和民族的尊严; 带头践行社会主义核心价值观; 不发表错误观点、不编造散布虚假信息和不良信息; 不出现损害国家利益、社会公共利益或违背社会公序良俗的行为					
	知识素养	具备研学旅行的相关知识; 具备一定教育学、心理学知识; 掌握相关法律、法规知识; 有丰富的博物通识知识; 熟悉商务礼仪知识; 掌握互联网信息技术知识					
	职业道德素养	爱岗敬业,能够恪尽职守,因材施教; 公平诚信,能够坚持原则,处事公道; 关爱学生,能够尊重学生个体差异,维护学生的合法权益; 保障安全,能够始终把学生的安全放在首位					
	能力素养	在研学旅行行前,与主办方建立沟通渠道,为学校提供研学旅行课程方案,做好研学旅行课程教学的物资准备,与供应方合作洽谈; 在行中落实教学内容,做好学生的组织与管理,以及紧急情况的预警与处理; 在行后做好课程的总结与评价,完成对学生及供应方的评价					

续表 3-18

一级指标	二级指标	评价内容	非常符合（5分）	基本符合（4分）	一般（3分）	不太符合（2分）	非常不符合（1分）
职业能力	课程设计能力	能够以研学旅行课程教学的根本目的为出发点，针对学段特点，围绕研学旅行的课程主题、课程目标、课程内容、课程资源、教学方式、教学方法、课程评价等各个环节，设计出研学旅行课程方案					
	课程教学能力	语言教学能力：善于沟通，语言准确、具有示范性，表达通俗生动、风趣幽默，思维连贯、富有条理性和层次感； 课程组织与实施能力：具有充分而广博的知识储备、灵活而有条理的教学思维，一定的沟通技巧和丰富的教学能力，能对地接导游、讲解员等提供的单元主题课程教育服务进行适当补充					
	课程管理能力	行前课程管理能力：能够与项目组长配合，做好和主办方、供应方、保障方的沟通联系，准备好开展研学旅行课程所需物资，设计研学旅行课程方案； 行中课程管理能力：能够胜任研学旅行活动的日常教学管理，熟悉应急预案，能够处理途中突发事件； 行后课程管理能力：能够完成课程设计与实施的总结报告，完成各项评估工作					
总体评价结果							

表 3-19　研学旅行课程学生过程性评价质性评价表

一级指标	二级指标	评价内容	优秀	良好	合格	仍需努力
知识	信息记录	能细心观察，学习信息记录及时、准确、完整、清晰； 能随时记录学习中的体验感悟				
	反思应用	理解并掌握所学内容，能进行及时反思和应用				
	迁移拓展	能在掌握所学内容的基础上，迁移情景，拓展思路，举一反三				
能力	生活能力	有良好的卫生习惯和生活习惯，能独立完成日常生活； 能管理好自己的物品，合理安排时间，生活有序； 饮食健康、消费合理，作息规律				
	信息处理能力	能有目的地收集、判断、分析、表现信息				
	合作能力	具有合作意识，能认真倾听、尊重他人； 能资源共享，与团队成员协作完成共同任务				
	沟通能力	思维清晰、语言表达流畅，逻辑清楚； 善于提问，能积极回答问题				
	探究能力	能消化吸收所学内容； 能发现问题、分析问题、解决问题				
	实践能力	能主动参与各类社会实践、动手操作、设计制作等活动； 能利用所学知识与技能，完成实践任务，获得成果				
	创新能力	具有创新意识和想象力，求知欲强； 善于捕捉新信息，主动发现问题； 能积极思考、提出自己的观点				
	反思能力	能正确认知自我，调节情绪，约束行为； 善于反思、总结、不断改进				
	审美能力	能感受到生活、自然、艺术、科学文化中的美； 掌握一定的审美知识，对自然、文化具有欣赏能力； 能在学习中通过多种形式表现美				

续表 3-19

一级指标	二级指标	评价内容	优秀	良好	合格	仍需努力
行为	纪律秩序	遵守研学旅行课程要求,服从老师的管理; 参观学习遵守纪律,有序排队,安全意识强,能自觉维护公共秩序; 时间观念强,不迟到,不影响课程学习的进程				
	文明礼仪	在公共场合不大声喧哗打闹,言行举止文明; 在参观学习中能爱护公共财产,保护环境,做到文明旅行; 学习过程中能认真倾听老师的讲解,观看示范,不随意打断、不妄加议论				
态度	品德修养	热爱祖国,崇尚科学,有正确的人生观和价值观; 诚实守信、遵纪守法,尊敬师长、团结同学、礼貌待人; 能珍惜集体荣誉,维护集体利益,有社会责任感				
	学习态度	学习态度端正,学习目的明确,学习愿望强烈; 学习准备充分,能主动学习,勤于思考,勇于尝试				
总体评价结果						

【知识点 4】研学旅行课程的评价流程

1. 明确评价主体,确定评价对象

研学旅行课程的评价主体多元化,包括学生本人、学生同伴、研学旅行指导师、学生家长,以及其他参与研学旅行活动的机构和个体;评价对象广泛,有课程本身,也包括学生、师资、承办方、供应方等。因此,在做出评价前,要先确定评价对象。

2. 解析课程目标，制定评价指标

研学旅行课程评价是对课程目标实现程度的反馈。通过解析研学旅行课程的总目标和单元课程目标，根据评价对象的特点，制定对应的课程评价指标体系。

3. 选择评价方法，设计评价量表

研学旅行课程的评价方法可分为量化评价法和质性评价法。研学旅行课程作为一种复杂的教育活动，课程评价方法需结合课程类型和评价对象的特点进行。在此基础上，完成评价量表的设计。

4. 开展评价活动，得出评价结果

评价主体可在研学旅行课程行前、行中、行后分阶段开展评价活动，根据综合评价量表，得出评价结果。

5. 检验修正结果，完成课程评价

结合对学生的观察记录与多主体的评价情况，对评价结果进行反思和修正，检验评价的信度与效度，强调评价结果的客观性，完成课程评价。

【思政园地】

研学旅行指导师在设计课程评价时，要根据研学旅行课程的具体特点，结合课程评价的价值取向理念，采用定性与定量相结合的方法，做出客观评价。

7.3 任务实施

【工作流程】

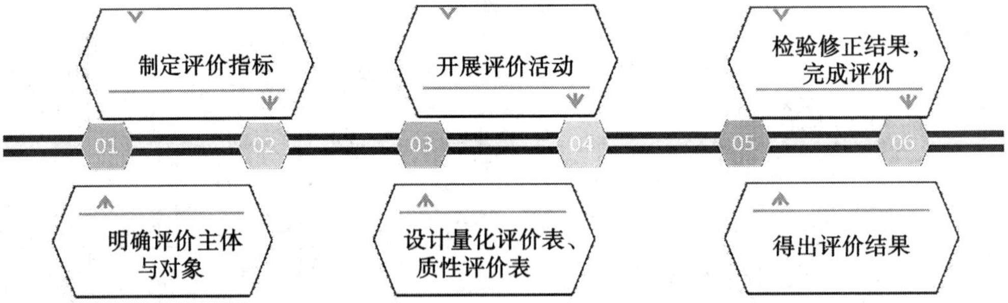

【工作要点】

进行课程评价时，要根据做出评价的主体和评价对象的特点，制定相应的评价指标，选择合适的评价方法，设计量化评价表和质性评价表，开展研学评价，并对得出的评价结果进行检验修正。

【任务实施】

研学旅行单元课程评价样表

评价指标		评价内容	评价结果				
一级指标	二级指标						
课程体系	完整性						
	系统性						
	规范性						
课程设计要素	课程理念						
	课程主题						
	课程资源						
	课程目标						
	课程内容						
	课程线路						
	课程结构						
	课程实施						
	课程评价						
总体评价结果							

7.4 能力提升

【知识自测】

一、判断题

1. 研学旅行课程评价是一个价值判断过程。(　　)

2. 量化评价方法常以等级形式呈现评价结果,质性评价方法常以分数形式呈现评价结果。(　　)

二、单选题

1. (　　)注重评价学生在学习过程中的行为表现和产生的变化。

A. 过程性评价　　B. 成果性评价　　C. 诊断性评价　　D. 表现性评价

2. 下列对研学旅行课程的评价流程,顺序正确的是(　　)。

①选择评价方法,设计评价量表

②解析课程目标,制定评价指标

③明确评价主体,确定评价对象

④开展评价活动,得出评价结果

⑤检验修正结果，完成课程评价

A. ①②③④⑤　　B. ①③②⑤④　　C. ③①②⑤④　　D. ③②①④⑤

三、多选题

1. 根据价值取向，研学旅行课程评价包括(　　)。

A. 目标取向的课程评价　　B. 过程取向的课程评价

C. 主体取向的课程评价　　D. 兴趣取向的课程评价

E. 结果取向的课程评价

【能力自测】

阅读材料，回答问题。

人民英雄纪念碑红色研学旅行课程

某学校组织初中二年级学生前往人民英雄纪念碑参观学习。行前，组织学生学习周定舫《人民英雄永垂不朽》课文。行中，循着空间方位顺序，组织学生参观人民英雄纪念碑。通过听专业讲解缅怀英雄、敬献花篮悼念英烈、组织背诵碑文比赛、纪念碑相关知识问答等课程活动，让学生掌握纪念碑的由来和重要意义，激发学生的爱党、爱国之情，深刻领悟“没有革命先烈的浴血奋战，就没有今天的美好生活；没有英雄的中国人民，就没有繁荣富强的伟大祖国。”这句话，培养学生的责任担当意识，坚定学生奋发向上、报效祖国的决心。行后，要求学生围绕“人民英雄纪念碑的当代价值”完成研学报告。

请你根据所学知识，就上述材料，选择恰当的评价方法，完成材料中研学旅行课程内容的评价设计。

人民英雄纪念碑红色研学旅行课程内容评价表

<table>
<tr><td colspan="2">评价指标</td><td rowspan="2">评价内容</td><td colspan="5">评价结果</td></tr>
<tr><td>一级指标</td><td>二级指标</td><td></td><td></td><td></td><td></td><td></td></tr>
<tr><td>内容编制</td><td></td><td></td><td></td><td></td><td></td><td></td><td></td></tr>
<tr><td>设计原则</td><td></td><td></td><td></td><td></td><td></td><td></td><td></td></tr>
<tr><td>设计要求</td><td></td><td></td><td></td><td></td><td></td><td></td><td></td></tr>
<tr><td colspan="3">总体评价结果</td><td colspan="5"></td></tr>
</table>

【学习小结】

学习要点	
执行任务遇到的困难	
解决的办法	

任务 8 研学旅行课程安全管理设计

8.1 任务描述

【任务内容】

结合所学知识，针对项目 3 中自己设计的研学旅行课程方案，完成相应的课程安全防范措施设计。

【完成方式】

个人。

【成果形式】

文本。

码 3-17 研学旅行课程安全管理

8.2 知识储备

【知识点 1】研学旅行课程安全注意事项设计

教育部等 11 部门颁布的《意见》中提出：研学旅行要坚持安全第一，建立安全保障机制，明确安全保障责任，落实安全保障措施，确保学生安全。《研学旅行服务规范》(LB/T 054—2016)从交通服务、住宿服务、餐饮服务、导游讲解服务、医疗及救助服务等方面，对安全性提出了要求，如表 3-20 所示。

研学旅行课程安全管理设计，首先要排查安全隐患。安全注意事项是针对行为活动中可能会发生的意外事故或事件制定的，提醒行为人重点关注，并在行为活动中必须遵守的预防性或禁止性措施。在研学旅行中，安全注意事项是参与者自身应承担的安全责任，应针对研学活动的参与者（学生、教师、工作人员）制定，提前告知具体内容，并在活动中随时提醒。在制定安全注意事项时，要明确两方面的内容：一方面，安全注意事项要具体、有针对性，每一条注意事项都要有对应的行为主体和具体的环境、条件和设施。另一方面,安全注意事项要起到“只要遵守就可以避免危险,否则,会使人的生命或财产造成严重损失”。这一效果警醒行为主体按照注意事项约束、规范自己的行为。

表 3-20 《研学旅行服务规范》(LB/T 054—2016)安全性要求

项目	文件内容
交通服务	1. 应按照以下要求选择交通方式:单次路程在 400 km 以上的,不宜选择汽车,应优先选择铁路、航空等交通方式;选择水运交通方式的,水运交通工具应符合《水路客运服务质量要求》(GB/T 16890—2008),不宜选择木船、划艇、快艇;选择汽车客运交通方式的,行驶道路不宜低于省级公路等级,驾驶人连续驾车不得超过 2 h,停车休息时间不得少于 20 min; 2. 应提前告知学生及家长相关交通信息,以便其掌握乘坐交通工具的类型、时间、地点以及需准备的有关证件; 3. 宜提前与相应交通运输部门取得工作联系,组织绿色通道或开辟专门的候乘区域; 4. 应加强交通服务环节的安全防范,向学生宣讲交通安全知识和紧急疏散要求,组织学生安全有序乘坐交通工具; 5. 应在承运全程随机开展安全巡查工作,并在学生上、下交通工具时清点人数,防止出现人员滞留或走失; 6. 遭遇恶劣天气时,应认真研判安全风险,及时调整研学旅行行程和交通方式
住宿服务	1. 应以安全、卫生和舒适为基本要求,提前对住宿营地进行实地考察,主要要求如下:研学旅行应便于集中管理;应方便承运汽车安全进出、停靠;应有健全的公共信息导向标识,服务符合《公共信息图形符号 第 2 部分:旅游休闲符号》(GB/T 10001. 2—2021)的要求;应有安全逃生通道; 2. 应提前将住宿营地相关信息告知学生和家长,以便做好相关准备工作; 3. 应详细告知学生入住注意事项,宣讲住宿安全知识,带领学生熟悉逃生通道; 4. 应在学生入住后及时进行首次查房,帮助学生熟悉房间设施,解决相关问题; 5. 宜安排男、女学生分区(片)住宿,女生片区管理员应为女性; 6. 应制定住宿安全管理制度,开展巡查、夜查工作
餐饮服务	1. 应以食品卫生安全为前提,选择餐饮服务供应方; 2. 应提前制定就餐座次表,组织学生有序进餐; 3. 应督促餐饮服务提供方按照有关规定,做好食品留样工作; 4. 应在学生用餐时做好巡查工作,确保餐饮服务质量
导游讲解服务	1. 导游讲解服务应符合《导游服务规范》(GB/T 15971—2023)的要求; 2. 应将安全知识、文明礼仪作为导游讲解服务的重要内容,随时提醒引导学生安全旅游、文明旅游; 3. 应结合教育服务要求,提供有针对性、互动性、趣味性、启发性和引导性的讲解服务
医疗及救助服务	1. 应提前调研和掌握研学营地周边的医疗及救助资源状况; 2. 学生生病或受伤,应及时送往医院或急救中心治疗,妥善保管就诊医疗记录,返程后,应将就诊医疗记录复印并转交家长或带队老师; 3. 宜聘请具有职业资格的医护人员随团提供医疗及救助服务

【课堂示例】

研学旅行饮食安全注意事项

(1)注意手部卫生,饭前洗手,不挑食,少吃零食。

(2)食用热饮、泡面等过程中要注意安全,以防烫伤自己或他人。

(3)食用冷饮不宜过多,以防引起胃部不适或肠胃感冒等疾病。

(4)不喝生水,不吃不明、生冷、变质或无安全标签的食品,以防病从口入。

(5)在定点餐厅用餐,不吃临时摊位上的食物,以防食物中毒。

(6)不吃未经煮熟的肉类、鱼类及贝壳类食物,不吃未洗净的蔬菜水果。

(7)集体用餐时,不拥挤、不争抢,按规定的座位和用餐时间文明就餐。

(8)用餐前,检查餐具是否清洁,有无破损,避免用餐时被划伤。

(9)在餐厅吃饭,吃好、吃饱的同时,要注意节约,不暴饮暴食,不浪费粮食。

(10)在宾馆休息时,不躺在床上吃零食,不乱扔垃圾,保持环境整洁卫生。

(11)对食物有特殊要求(如清真饮食)的学生,请提前向研学旅行指导师说明,以便提早妥善安排。

【知识点2】研学旅行课程安全防范措施设计

研学旅行课程安全防范措施是指为了消除研学旅行中潜在的安全事故而提前采取的预防性和纠正性措施。安全防范措施由承办方预先制定,由研学旅行师资团队具体实施,包括学生日常安全管理、餐饮安全、住宿安全、交通安全、人身财产安全、环境安全、研学场所安全等。

研学旅行课程安全防范措施的制定,需要本着"安全第一、预防为主"的基本原则,考虑以下几个方面:

第一,基于国家、行业管理部门的安全性的规定和要求。例如,住宿场所、餐厅、车队等研学旅行供应方要有许可证和营业执照,近5年内无责任事故和不良诚信记录等。承办方对供应方提供的酒店、餐饮、车辆等,按照国家法律法规、行业标准和协议要求进行事前检查,避免存在不符合安全标准和协议要求的安全隐患。

第二,基于安全管理规范的预防措施。根据课程学习资源的特点和研学场所的安全管理规范,制定相应的安全预防措施。例如,在参观生产车间、工业遗址等研学场所时,要按照安全规范组织学生穿戴防护服、防护鞋、防护眼罩、安全帽等,不走入非参观体验区域。

第三,基于安全操作流程的防护措施。根据课程的体验性学习内容,做好讲解示范。之后监督学生按照操作规范和流程分组进行实践,强化组织纪律。

第四,基于社会风俗环境的预防措施。按照研学旅行目的地的社会风俗,在研学过程中约束学生的言行,尊重当地人的风俗习惯、语言文字和宗教信仰。

第五,基于自然条件的防护措施。研学目的地自然环境良好,无雷电、大风、暴雨等不良天气,无流沙、沼泽等危险地形,行车途中无危险路段,无有毒、有刺、易过敏的植物等。

在户外做好防晒、防雨、防中暑等措施，提前做好山体滑坡、路段塌方、交通拥堵等突发性事件的应对措施。

【知识点3】研学旅行安全应急预案编制

根据《生产经营单位生产安全事故应急预案编制导则》（GB/T 29639—2020），应急预案是“针对可能发生的事故，为最大程度减少事故损害而预先制定的应急准备工作方案”。

《生产经营单位生产安全事故应急预案编制导则》（GB/T 29639—2020）中规定，应急预案可分为综合应急预案、专项应急预案和现场处置方案。综合应急预案是生产经营单位为应对各种生产安全事故而制定的综合性工作方案，强调程序措施和体系原则。专项应急预案是生产经营单位为应对某一种或者多种类型生产安全事故，或者针对重要生产设施、重大危险源、重大活动防止生产安全事故而制定的专项工作方案。当专项应急预案与综合应急预案中的应急组织机构、应急响应程序相近时，可不编写专项应急预案，相应的应急处置措施并入综合应急预案。现场处置方案是生产经营单位根据不同生产安全事故类型，针对具体场所、装置或者设施所制定的应急处置措施，重点体现自救互救、信息报告和先期处置特点。

根据《研学旅行服务规范》（LB/T 054—2016），研学旅行安全管理制度包括但不限于安全管理工作方案，以及包括地震、火灾、食品卫生、治安事件、设施设备突发故障等在内的各项突发事件的应急预案等。研学旅行中相关的专项应急预案主要有地质与气象灾害应急预案、交通事故应急预案、食物中毒应急预案、意外伤害应急预案、突发疾病应急预案、治安事件应急预案等。

根据《生产经营单位生产安全事故应急预案编制导则》（GB/T 29639—2020），研学旅行应急预案的编制程序包括成立应急预案编制工作组、资料收集、风险评估、应急资源调查、应急预案编制、桌面推演、应急预案评审和批准实施等8个步骤。

在编制研学旅行综合应急预案时，需包含总则、应急组织机构及职责、应急响应、后期处置、应急保障等5个方面的内容。编制研学旅行专项应急预案时，需包含适用范围、应急组织机构及职责、响应启动、处置措施、应急保障等方面的内容。研学旅行现场处置方案内容包括事故风险描述、应急工作职责、应急处置、注意事项等。

【思政园地】

研学旅行要始终将安全放在第一位。为保障师生人身、财产安全，要及时应对突发事件，迅速合理处置各种安全事件，确保研学旅行活动安全有序开展，研学旅行承办方须制定相应的安全注意事项、安全防范措施和各类安全应急预案。

8.3　任务实施

【工作流程】

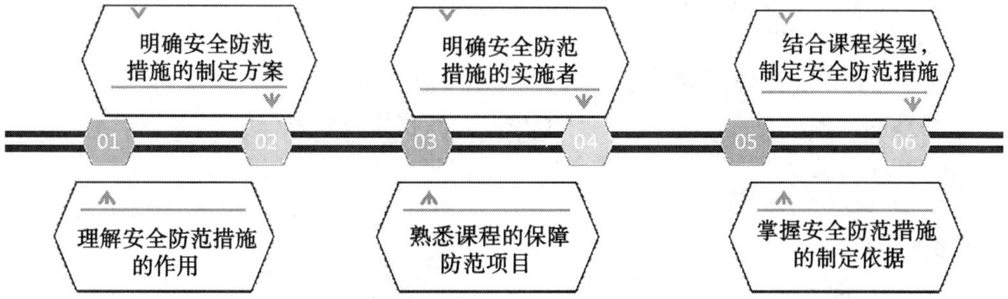

【工作要点】

安全防范措施是一种预防性、纠正性手段，在制定研学旅行课程安全防范措施时，除了要熟悉课程的保障防范项目和制定依据，还要结合研学旅行课程的类型，明确具体的实施者。

【任务实施】

研学旅行课程安全防范措施设计样表

保障防范项目	防范措施	实施者

8.4　能力提升

【知识自测】

一、判断题

1. 研学旅行安全注意事项是参与者自身应承担的安全责任，具有针对性。(　　)

2. 安全防范措施由主办方预先制定，由研学旅行师资团队具体实施。(　　)

二、单选题

1. (　　)是指为了消除研学旅行中潜在的安全事故而提前采取的预防性和纠正性措施。

A. 研学旅行安全注意事项　B. 研学旅行综合应急预案
C. 研学旅行课程安全防范措施　D. 研学旅行专项应急预案

2. (　　)是针对具体场所、装置或者设施所制定的应急处置措施,重点体现自救互救、信息报告和先期处置特点。

A. 研学旅行现场处置方案　　B. 研学旅行综合应急预案

C. 研学旅行专项应急预案　　D. 研学旅行课程安全防范措施

三、多选题

1. 研学旅行综合应急预案的编制,包括(　　)等方面的内容。

A. 适用范围　　B. 应急组织机构及职责

C. 响应启动　　D. 处置措施

E. 应急保障

【能力自测】

阅读材料,回答问题。

“被打碎的文物”

2022 年,某研学旅行教育机构组织学生前往一家私人博物馆参观学习,当学生和带队老师在博物馆的展厅内参观时,意外突然发生。根据监控画面,该展厅四周都是玻璃展柜,一座约半人高的人像雕塑立在展区墙角,有许多孩子在雕塑附近活动,一男孩走过去时疑似碰到雕塑,雕塑突然拦腰截断,上半部分掉落砸碎。监控视频显示,带队老师在馆内几乎全程都在低着头看手机,中途还一度离开了。

据馆方工作人员称,被损坏的展品是 9 年前从日本买回的,当时花了 20 多万元,馆方只要求赔偿修复费用并对展品损坏适当补偿,但可能还要加上鉴定费用。事后经调解,培训机构方应承担 60%责任,家长承担 40%责任。

(资料来源:钱江晚报)

请你根据所学知识,分析上述材料中的事故成因,并提出预防措施。

【学习小结】

学习要点	
执行任务遇到的困难	
解决的办法	

【项目评价】

请按照评价类别,分别在下表对应的等级下打"√"。

评价类别	评价项目	评价指标	A	B	C	D
自我评价	学习态度	能认真听讲,积极参与课堂讨论,按时完成学习任务				
	合作能力	能积极参与小组学习,与小组成员团结协作,共同完成任务				
	任务完成	1. 能借助网络搜索引擎,完成资料的搜集整理				
		2. 能设计出研学旅行课程方案中各环节的内容				
		3. 能设计出六大类研学旅行课程的完整方案				
小组评价	合作态度	能积极参与小组合作学习,能互相尊重,能倾听别人的意见				
	团队意识	能互帮互助,共同学习,有团队合作意识				
	团队协作	有明确的分工,能共同制订计划,互相配合完成任务				

续表

评价类别	评价项目	评价指标	A	B	C	D
教师评价	道德品质	对老师有礼貌，能关心帮助同学，正直守信，集体荣誉感强				
	自我管理	能遵守课堂纪律，按时出勤，无迟到早退现象，能约束自己的言行				
	学习态度	能认真听课，学习目标明确，学习态度主动，能按时完成学习任务				
	课堂表现	求知欲强，勤学好问，能有条理地表达自己的观点和意见				
	创新意识	能积极思考，善于发现问题、分析问题，并提出解决方法				
	合作能力	能积极参与小组活动，能为实现集体目标付出努力，能与他人合作共同完成任务，能共享资源和成果				
	实践能力	具备收集、处理信息和获取新知识的能力。思维活跃，敢于探索，善于积累。有一定应变能力和自主学习能力				

注：评价等级 A 为优秀；B 为良好；C 为一般；D 为以上三点均不符合，需努力。

【项目自测】

项目 3　知识自测

项目4 研学旅行课程手册编制

【项目导学】

研学旅行课程手册是研学旅行指导师实施研学旅行课程的教学材料和学生的学习资料,既是研学旅行课程的“教材”,又是学生进行研究性学习和旅行体验的实践活动记录手册。研学旅行课程手册既要有明确的研学旅行目标、学习内容和研学任务,又要有具体的安全提示和行程安排,还要便于随身携带记录。只有这样,才能起到指导学生进行研学旅行活动、记录学生参与研学过程和实践内容的作用。

【学习目标】

知识目标	1. 熟悉研学旅行课程手册的功能和作用; 2. 熟悉研学旅行课程手册设计的原则; 3. 掌握研学旅行课程手册设计的步骤; 4. 掌握研学旅行课程手册的内容
能力目标	能够设计出与研学旅行课程相配套的研学旅行课程手册
素质目标	培养教育理念和创新意识

【情境导入】

学会设计研学旅行课程方案后,在如何实施研学旅行课程方面,小张犯了难:为了组织实施研学旅行课程,研学旅行指导师要有相应的教学参考资料。那么,该如何将设计好的研学旅行课程方案转化为可操作的、能够供师生在研学旅行中使用的课程手册呢? 在本环节,小张需要学习和了解的内容有:

1. 什么是研学旅行课程手册? 它有什么功能和作用?
2. 研学旅行课程手册由哪些部分组成?
3. 设计研学旅行课程手册要遵循哪些原则?
4. 研学旅行课程手册的编制有哪些步骤?

【项目导航】

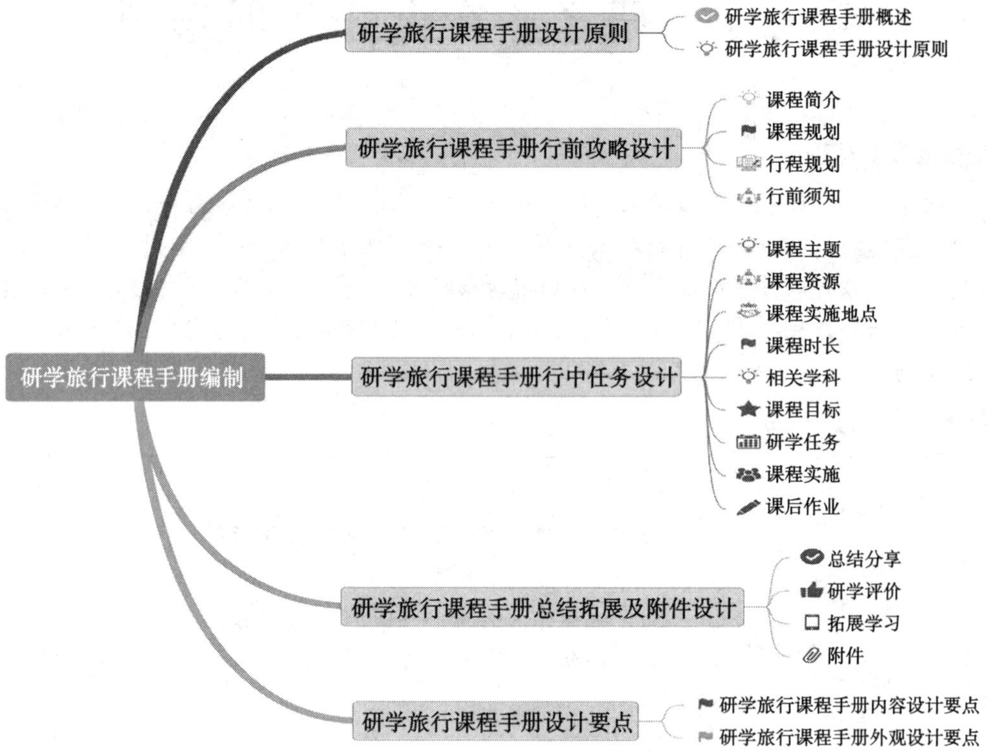

任务 1　研学旅行课程手册设计原则

1.1　任务描述

【任务内容】

根据内容全面原则,完成材料中研学旅行课程手册相关内容的设计。

【完成方式】

个人。

【成果形式】

文本。

码 4-1　研学旅行课程手册设计原则

1.2　知识储备

【知识点 1】研学旅行课程手册概述

研学旅行课程手册简称研学手册,它直观呈现了研学旅行课程设计,是在研学旅行课程方案的基础上,根据研学旅行课程教学活动和学生实践活动需求设计的教学参考书和学习辅助资料,也是顺利实施研学旅行课程的重要物质资料。

研学旅行课程手册的功能主要体现在两个方面:第一,研学旅行课程手册能够帮助研学旅行指导师快速厘清研学旅行课程的教育目的,明确教学目标、教学重点、教学内容和教学任务,梳理研学旅行课程组织实施的流程与方法,预设学习效果评价手段。它是研学旅行课程的授课计划、实施预案与教学参考书。第二,研学旅行课程手册能够为学生参与研学旅行课程提供所需专业知识,指明研学方向,拓展延伸课题,记录学习实践过程,是帮助学生开展研学旅行实践活动的行动指南、纪念册和学习辅导工具。

【知识点2】研学旅行课程手册设计原则

为了编制符合研学旅行课程教学要求和学生学习需求的课程手册,需要遵循以下几条原则。

1. 规范科学原则

研学旅行课程手册的设计需要充分体现教育的功能和特征,其中涉及的相关概念应使用规范科学的表述方式,提供的专业知识和学习资源应与主题紧密相关,避免牵强附会或生搬硬套。手册的内容设计应遵循课程的基本原理,确保课程目标具体准确、课程内容适切合理、课程实施规范有效、课程评价科学多元。

此外,针对不同学段的学生,研学旅行课程手册的内容应有所区别。例如,以"孔子故里研学"为主题的课程方案中,小学生的研学手册可以设计《论语》名言警句摘抄栏目;初中生的研学手册可以通过提供《论语》选篇,设计感悟儒家思想的读书笔记;高中生的研学手册则可以设计比较分析诸子百家思想的写作页面等。这样的设计能够更好地满足不同学段学生的需求,提高他们的学习效果。

2. 内容全面原则

研学手册的设计要做到内容全面。手册内容由行前攻略、行中任务、总结拓展、附件四部分组成。

行前攻略包括课程简介、课程规划、行程规划、行前须知等。

行中任务的设计重点在于研学旅行课程实施,包括课程主题、课程资源、课程目标、学习资源、研学任务等。

总结拓展包括学习成果的总结分享、研学评价及拓展学习。

附件部分包括研学旅行指导师团队介绍、各类名单、重要信息、研学旅行过程管理所需表格、安全管理措施、安全应急预案等。

3. 直观新颖原则

研学旅行课程手册应同时具备教学用书和实践活动记录册的特性。因此,设计时必须注重图文并茂,形式新颖。应尽量采用图表、图片、导图等直观的形式来呈现内容。这样一方面可以方便参与研学旅行的学生在阅读使用手册时快速理解,增强了知识获取的便捷性和手册的趣味性;另一方面也可以让研学旅行指导师能够清晰地理解和掌握各项工作职责,从而提高研学手册的利用率。

4. 方便实用原则

研学旅行手册的设计应以实用为原则，方便教师随身携带，并能随时记录观察到的学生行为活动。同时，根据手册中研学任务的完成情况和填写的各类信息，教师可以对学生进行成果性和过程性评价。学生也可以在手册上记录个人体验、经历、收获和困惑等，完成各类任务。因此，设计时需要考虑手册的开本大小，方便学生携带，并能够随时记录相关信息。

5. 适度拓展原则

研学旅行课程手册是研学旅行指导师的重要教学参考书，其设计应考虑为研学旅行指导师提供足够的空间，以便记录反思过程和改进措施。这样，我们才能不断优化研学旅行课程方案和实施举措，提升研学旅行课程设计与实施的能力。

同时，研学旅行课程手册也是学生们重要的学习辅导资料。在页面设计中，应适当留白以供学生们在研学旅行课程实施过程中进行记录和思考。此外，除了设计针对研学旅行课程的作业，还应当设计能够帮助学生进行拓展延伸的学习任务。通过引导学生深入思考和探究，这些任务将有助于为下一阶段的学习打下坚实的基础。

【思政园地】

> 研学旅行课程手册设计是在研学旅行课程设计的基础上进行的二次创作，不仅要紧贴研学旅行课程内容，突出重难点，还要适合于中小学生使用。在设计的过程中，既要注重课程内容的全面性和实用性，又要强调手册设计的新颖性和趣味性。因此，在设计课程手册时，研学旅行指导师要具有教育理念和创新意识，着重考虑师生在使用中的体验感。

1.3 任务实施

【工作流程】

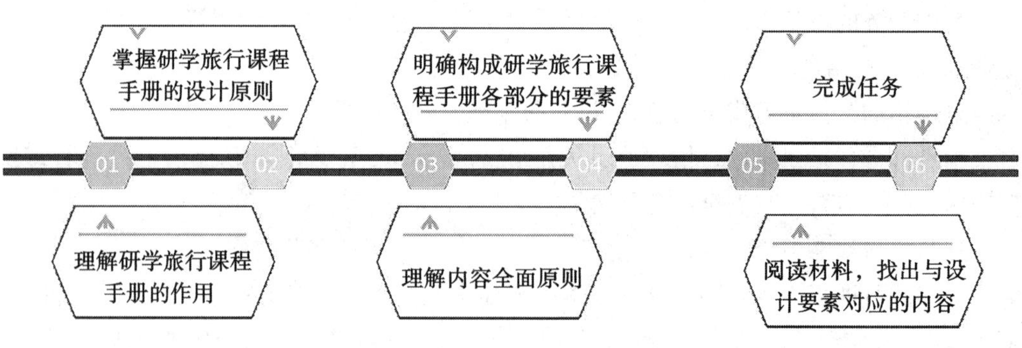

【工作要点】

研学旅行课程手册由四部分组成，其中行中任务对应的是课程设计中的课程实施环节。

【任务实施】

根据下面材料，结合所学知识，完成研学旅行课程手册中的课程资源、课程目标、研学任务的分析与设计。

“感悟关中民俗　传承优秀文化”

位于陕西省礼泉县的袁家村，是第二批中国传统村落，处在西咸半小时经济圈内，荣获“中国十大美丽乡村”称号。村落选址布局与体量凭借自然与山水天然相容，表现出与时空的高度和谐，以及对于生活环境艺术质量的重视。房舍布局是传统的正南正北，方方正正；街巷也横平竖直，排列有序，顺势就势，高低错落，整齐有致。在袁家村，可以观看国家级非物质文化遗产弦板腔皮影戏；参观小吃街，品尝关中美食、了解饮食文化，体验制做𰻞𰻞(biangbiang)面；参观酒窖、醋窖、油坊，见识醋和油的制作过程；参观黄土高原上居民古老的居住形式——窑洞，唤醒红色记忆，缅怀革命先烈，学习建造窑洞和土炕的重要工作：打胡基。

【课程资源】

____

【课程目标】

____

【研学任务】

____

1.4 能力提升

【知识自测】

一、判断题

1. 研学旅行课程手册的编制需要在研学旅行课程设计的基础上进行。(　　)

2. 研学旅行课程手册只用于学生课外阅读。(　　)

二、单选题

1. 研学旅行课程手册要多用图表、图片、导图等直观的形式呈现内容,体现了哪一条原则?(　　)

A. 方便实用原则　　B. 内容全面原则　　C. 规范科学原则　　D. 直观新颖原则

2. 研学旅行课程手册的行中任务部分不包括(　　)。

A. 课程简介　　B. 课程目标　　C. 安全应急预案　　D. 研学任务

三、多选题

1. 研学旅行课程手册设计原则包括(　　)等。

A. 规范科学　　B. 内容全面　　C. 直观新颖　　D. 方便实用

E. 适度拓展

【能力自测】

请根据所学原则,将下列文字描述中的课程资源转化成适合四至六年级小学生使用的图文材料。

"穿越千年时空　探寻华夏文脉"

河南博物院创建于 1927 年,2009 年入选首批中央地方共建国家级博物馆。自 2015 年以来,河南博物院研学工作围绕老家河南、黄河文化、红色教育、行走河南·读懂中国等多个主题,开发了 10 个系列共 150 种研学课程,包括特约讲解系列、国宝守护系列、博物馆"趣"寻宝、背上行囊去考古等。规模化研学项目《博物馆"趣"寻宝》、精品化研学项目《汉字童年·甲骨共舞》和《探寻华夏正声》,实现了"让文物活起来"的初衷。2024 年,河南博物院以"龙年"为契机,研发推出了规模化研学项目"中华少年寻龙记",将"讲文物故事"与"沉浸式体验"有机结合。

(材料来源:河南省文化和旅游厅)

粘贴处

【学习小结】

学习要点	
执行任务遇到的困难	
解决的办法	

任务 2　研学旅行课程手册行前攻略设计

2.1　任务描述

【任务内容】

结合所学知识,为项目 3 中自己设计的研学旅行课程方案设计研学手册行前攻略。

【完成方式】

个人。

【成果形式】

文本。

码 4-2　研学旅行课程手册内容设计

2.2　知识储备

【知识点 1】课程简介

课程简介也称为前言,是研学旅行课程手册的开篇之言,目的在于激发学生的好奇心和求知欲。在这部分,要简略介绍本次研学旅行的目的地、学习资源、课程主题、课程总目标和各单元课程的主要学习内容,阐明课程主题和各单元课程之间的系统性和层次性,说明本课程的学习意义。

【课堂示例】

"水电明珠"刘家峡水电站两日研学旅行课程简介

著名教育家陶行知先生说:"行是知之始,知是行之成。"放下书本,走出校园,在社会大课堂中汲取能促进自身发展的力量,历练自己的实践能力、团队协作能力、问题解决能力,培养自己的社会责任感、创新意识和对"美"的鉴赏能力,是成长中的重要经历。

刘家峡水电站距兰州市 75 km,位于临夏永靖县城西南 1 km 处的黄河峡谷中。这是我国自己勘测设计、自己制造设备、自己施工安装、自己调试管理的第一座百万千瓦级大型水力发电站,创造了新中国水电建设史上的七个第一。刘家峡水电站有丰富的红色资源,现已成为全国爱国主义教育示范基地、全国首批工业旅游示范点,入选第二批国家工业遗产名录。

这是一次难得的机会，让我们走出课堂，访问高峡平湖，亲身感受大自然的鬼斧神工，探寻水电奥秘，掌握水力发电的原理及水电站科普知识，传承红色基因，了解水利工程的伟大成就，培养我们的环保意识、社会责任感、团队合作精神和创新能力。

同学们，最好的课堂就在路上，让我们快乐出发吧！

【知识点2】课程规划

课程规划相当于教材目录，通常要在此处列出研学手册中各部分的一级标题及对应的页码，方便师生查找阅读。其中，行中任务部分按照行程安排的先后顺序，依次排列本次研学旅行课程中各单元课程的主题，并体现学习资源的特征。

【课堂示例】

“水电明珠”刘家峡水电站两日研学旅行课程

第一部分　行前攻略

　　课程简介

　　行程规划

　　行前须知

第二部分　行中任务

　第一单元　黄河水电博览馆——传承红色基因

　第二单元　刘家峡水电站——探寻水电奥秘

　第三单元　太极岛——感受湿地魅力

　第四单元　枣园新村——寻访湖畔人家

第三部分　总结拓展

　　成果展示

　　反思评价

　　拓展学习

第四部分　附件

【知识点3】行程规划

行程规划中应详细列出各学习单元及行程途中的时间段，每一处研学场所、参观学习的日期、时长、学时、课程主题、研学任务、食宿安排、各段行程的交通工具类别等。有关“水电明珠”刘家峡水电站两日研学旅行课程的行程规划详见项目3任务5。此处仅节选部分用来举例。

码4-3　探雨林奇观
守绿水青山

【课堂示例】

“水电明珠”刘家峡水电站两日研学旅行课程行程规划

日期	地点	时间	单元课程主题	研学任务	学时
D1	学校	7:30-10:00	集合登车	1. 学校集合，统一坐大巴车前往刘家峡水电站； 2. 途中进行刘家峡水电站介绍，并进行安全教育	2.5
	黄河水电博览馆	10:00-12:00	传承红色基因	1. 依次参观黄河水电博览馆以“文化、治理、水电、景观”为主题的四个展区； 2. 初步了解并总结刘家峡水电站的建造历史、功能和作用	2
	饭店/大巴	12:00-13:00	午餐 活学活用	1. 体验当地特色餐； 2. 途中重温课文《参观刘家峡水电站》，跟着作者的游览顺序前往刘家峡水电站	1
	刘家峡水电站	13:00-16:00	探寻水电奥秘	1. 朗诵郭沫若《满江红·游览刘家峡水电站》，感受其中的民族自豪感和荣誉感； 2. 参观刘家峡水库发电机组，掌握水力发电的原理，了解水电站的日常运行、维护工作； 3. 参观“四史”教育实践馆，感受“独立自主、敢为人先”的艰苦创业精神，记录印象最深刻的建设故事，完成“建设者之歌”主题讨论	3
		16:00-18:30	水力发电机模型制作及发电模拟比赛	1. 利用学习材料和所学知识，分组制作水力发电机； 2. 分组完成水力发电模拟比赛	2.5
	饭店	18:30-19:30	晚餐生活教育	前往饭店用晚餐，品黄河鱼宴	1
	大巴	19:30-20:00	安全教育	研学旅行指导师进行酒店入住安全教育	0.5
	酒店	20:00-22:00	体验集中食宿	1. 完成研学日志； 2. 洗漱、休息	2
	住宿		××××酒店		
	用餐		早餐□　中餐☑　晚餐☑		
	交通		汽车☑　火车□　飞机□		
D2	……				

【知识点 4】行前须知

本部分需要写明行前准备和安全守则。行前准备主要包括个人物品清单和个人行为规范，安全守则主要包括人身安全、财产安全、饮食安全、交通安全等方面的注意事项。

【课堂示例】

个人物品清单示例

物品类别	物品名称	准备情况
证件	学生证、身份证/户口本	已完成□ 未完成□
学习用品	笔、研学旅行课程手册	已完成□ 未完成□
日常用品	水杯、雨伞/雨衣、洗漱用品 手机/智能手表、充电器、相机、其他常用电子产品	已完成□ 未完成□
衣物	遮阳帽、防晒衣、外套、运动鞋、拖鞋、贴身衣物	已完成□ 未完成□
药品	晕车药、感冒药、擦伤药、肠胃药、驱蚊液 （注：如长期服用药品，请自带并提前告知老师）	已完成□ 未完成□
其他	收纳袋、背包、现金、其他必备物品	已完成□ 未完成□

【思政园地】

行前攻略是研学旅行课程实施的前置部分。在本部分，研学旅行指导师要给学生强调纪律原则，指明研学旅行课程任务和研学方向，做好各项行前准备工作。

2.3 任务实施

【工作流程】

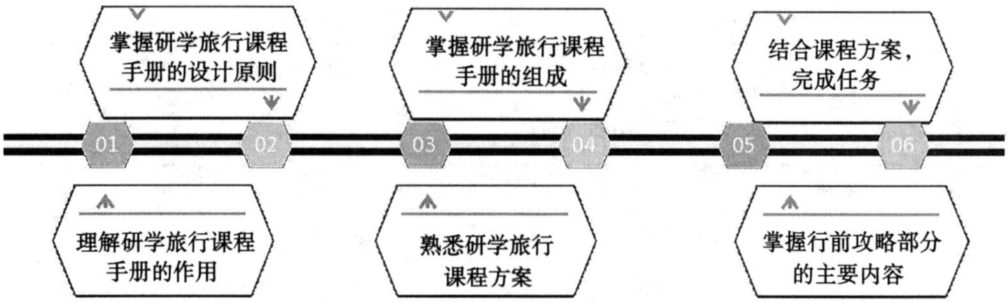

【工作要点】

研学旅行课程手册行前攻略部分的设计,要在研学旅行课程设计的基础上进行。其中,课程简介要简明扼要地介绍本次研学旅行的目的地、学习资源、学习目标和学习任务等;课程规划需将本次研学旅行课程的主要学习内容和活动流程提炼为大标题,并组成目录;行程规划、行前须知这两部分可参考项目3中的相关内容进行提炼。

【任务实施】

一、课程简介(200~300字)

二、课程规划(目录)

三、行程规划

日期	地点	时间	单元课程主题	研学任务	学时
D1					

四、行前须知

(一)个人物品清单

物品类别	物品名称	准备情况
证件		已完成□ 未完成□
学习用品		已完成□ 未完成□
日常用品		已完成□ 未完成□
衣物		已完成□ 未完成□
药品		已完成□ 未完成□
其他		已完成□ 未完成□

（二）个人行为规范

（三）安全守则

2.4 能力提升

【知识自测】

一、判断题

1. 课程简介中要简略介绍本次研学旅行的目的地、学习资源和学习内容等，说明本课程的学习意义。（　　）

2. 课程规划中应详细列出各学习单元、行程途中的时间节点。（　　）

二、单选题

1. 研学旅行课程简介，应放在研学手册的（　　）部分。

A. 行前攻略　　B. 行中任务　　C. 总结拓展　　D. 附件

2. 行前须知中，应包括（　　）、个人行为规范、安全守则等内容。

A. 课程简介　　B. 研学任务　　C. 个人物品清单　　D. 课程目标

三、多选题

1. 研学旅行课程手册的行前攻略部分，主要包括（　　）。

A. 课程简介　　B. 课程规划　　C. 课程评价　　D. 行前须知

E. 行程规划

【能力自测】

结合所学知识,为任务 1 中的案例——袁家村研学旅行课程设计一份课程简介。

【学习小结】

学习要点	
执行任务遇到的困难	
解决的办法	

任务 3　研学旅行课程手册行中任务设计

3.1　任务描述

【任务内容】

结合所学知识,针对项目 3 中自己设计的研学旅行课程方案,完成研学旅行手册第二部分“行中任务”中某一单元课程的设计。

【完成方式】

个人。

【成果形式】

文本。

3.2　知识储备

行中任务的设计围绕研学旅行课程的实施展开,主要包括所要学习的各单元课程的课程主题、课程资源、课程目标、学习资源、研学任务等。下面继续以“水电明珠”刘家峡水电站两日研学旅行课程第一单元为例，详细说明行中任务的设计要点和具体内容。

【课程主题】

第一单元　黄河水电博览馆——传承红色基因

【课程资源】

黄河水电博览馆(见图 4-1)位于刘家峡大坝码头片区，这里是黄河三峡旅游区的重要门户，也是进出永靖的标志性门户。黄河水电博览馆以“黄河情 · 水电魂 · 中国梦”作为布展主题，以黄河为宏大的叙事背景，将黄河文化、黄河治理、黄河水电、黄河风光等内容精心编排，运用高科技展览手段，给观众以文化的滋养和精神的洗礼。该馆通过丰富多彩的展示内容、生动有趣的布展形式介绍了历史悠久的黄河文化，展现了黄河治理取得的卓越成就，反映了黄河流域永靖县周边的风土人情，憧憬着水利水电事业发展的美好明天。

图 4-1　黄河水电博览馆

【课程实施地点】

黄河水电博览馆。

【课程时长】

2 学时。

【相关学科】

语文、历史、地理、生物、物理。

【课程目标】

知识与能力：学习历史悠久的黄河文化，掌握黄河治理取得的卓越成就，了解黄河流域永靖县周边的风土人情。

过程与方法：以小组为单位交流研讨历史上治理黄河的起因、重要事件和取得的卓越成就，总结治水经验。

情感态度与价值观：感受社会主义建设取得的伟大成就，激发学生的爱国热情。

【研学任务】

1. 依次参观黄河水电博览馆以“文化、治理、水电、景观”为主题的四个展区，学习相关文化知识、科技原理、地理常识。

2. 初步了解并总结刘家峡水电站的建造历史、功能和作用。

3. 途中重温课文《参观刘家峡水电站》，跟着作者的游览顺序前往刘家峡水电站。

【课程实施】

学习资源 1　刘家峡水库

刘家峡水库位于黄河上游，甘肃临夏永靖县城西南 1 km 处，距兰州市 75 km，是第一个五年计划期间，中国自己设计、自己施工、自己建造的大型水电工程，竣工于 1974 年，为黄河上游开发规划中的第七个梯级电站，兼有发电、防洪、灌溉、养殖、航运、旅游等功能。水库地处高原峡谷，黄河河水来到这里，转了一个九十度急弯，然后穿过峡谷向西流去。河水穿过千岩壁立的深邃峡谷，水势犹如万马奔腾，景色十分壮观，其中最著名的要算是刘家峡，被誉为“高原明珠”。

过程性学习任务

观察刘家峡水库的地形，查看刘家峡水库在地图上所处的位置，思考并讨论刘家峡水库为什么被称为“高原明珠”。

____

____

____

学习资源 2　黄河文化

黄河是中华文明最主要的发源地，被国人尊称为“母亲河”，它发源于青海巴颜喀拉山北麓，分别流经青海、四川、甘肃、宁夏、内蒙古、山西、陕西、河南及山东 9 个省级行政区域，最后于山东东营注入渤海。

史学界认为黄河文明的形成期大体在公元前 4000 年到公元前 2000 年，主要为夏商及以前，现已发掘出的文化遗址代表有仰韶文化、二里头文化、龙山文化、大汶口文化、马家窑文化等，沿着黄河中下游呈密集分布的状态。

永靖黄河文化博物馆建在刘家峡水坝旁边，建筑外观方方正正，墙砖在表面铺成一个铲子形状，设计灵感来自大禹治水时常用的工具“耒”。蓝色玻璃代表波涛，意为“人拿着耒治水”。永靖黄河文化博物馆叙事主线从上古开始，描绘西部轰轰烈烈的治水史。在黄河文化撷英展区，有羊皮筏子、黄河水车、黄河船磨的复原模型，这些因黄河特殊自然环境形成的工具集中体现了黄河儿女的聪明才智，展示了黄河农耕文明的丰富内涵。

过程性学习任务

博物馆黄河文化撷英展区展示的羊皮筏子、黄河水车、黄河船磨等黄河沿岸区域特有的工具中，给你印象最深的是哪一个？你认为它展示了黄河农耕文明的哪些内涵特征？

____

____

____

____

____

学习资源 3　黄河治理

黄河是中华民族的母亲河，素来“善淤、善决、善徙”，历史上曾“三年两决口、百年一改道”。据统计，从先秦时期到中华人民共和国成立前的 2500 多年间，黄河下游共决溢 1500 多次，大的改道 26 次。刘家峡水电站地处黄河上游，是中华人民共和国成立后自行建设的第一座大型水利工程，具有非常重要的生态战略区位。

1981 年 9 月，黄河上游连降暴雨，黄河遭遇两百年一遇特大洪水。危急时刻，刘家峡水电厂全体干部职工，与人民子弟兵一道，奋战 5 昼夜，用 9560 m^3 土石修筑了大坝子堰，大坝加高 3 m。刘家峡水电站同步通过调节，将洪水削峰至 1400 m^3/s，使黄河中下游地区最大下泄流量出现时间推迟了 5~6 d，保证了中下游地区安全度汛。中华人民共和国成立前，因凌汛决堤而泛滥成灾的事几乎年年发生，每次决口，都给沿河人民的生命财产造成严重损失。刘家峡水电站投运以来，在每年的凌汛期间（当年 11 月至次年 3 月底），都将出库水量控制在 350 m^3/s 以下，有效防止黄河宁夏、内蒙古段的冰凌壅塞之灾。刘家峡防洪防凌的作用，实现了黄河治理从被动应对到主动调控并很好利用的重大突破。

黄河过刘家峡流到兰州之前，汇入了洮河、大通河和湟水等大支流。在兰州以上，黄河的含沙量不多，泥沙的主要来源是上述支流。由于刘家峡库区年降水量在 200 mm 以下，沿岸植被稀少，水库岸坡经常发生滑坡、崩塌现象，是黄河水土流失的主要区域之一。为了改善刘家峡库区的生态环境，多年来，当地政府本着突出重点、综合治理的原则，在库区周围绿化造林 15.3 万亩，治理水土流失面积 110 km^2，每年拦截流入库区的泥沙达 120 万 t，为预防黄河下游水患发挥了重要作用。为了加大黄河上游生态建设治理的力度，全国人大常委会把《关于支持甘肃省刘家峡库区水土保持综合治理工程的建议》列为全国十二项重点办理建议之一。2023 年 9 月 6 日起，刘家峡水电厂将水库出库流量加大到 1400 m^3/s，日出库水量由 6050 万 m^3 增加至 1.21 亿 m^3，为流域抗旱减灾提供水资源保障。

过程性学习任务

如何看待刘家峡水电站的生态战略区位？

____

____

____

____

____

学习资源 4　黄河水电

刘家峡水电站是中国首座百万千瓦级水电站，位于甘肃省永靖县境内的黄河干流。水电站可蓄水 57 亿 m^3，年发电量 55.8 亿 kW · h。同时，它还是一个兼有防洪、灌溉、防凌、养殖等综合利用价值的大型水利枢纽。水电站中央排列着 5 台大型国产水轮发电机组，分别担负着供给陕西、甘肃、青海等省用电的任务。该电站厂房宽约 25 m，长约 180 m，有 20 层楼高。坝型为重力坝，最大坝高 147 m，总库容 57 亿 m^3。安装 5 台机组，总容量 122.5 万 kW，年发电量 55.8 亿 kW · h。

在大力推动黄河流域生态保护和高质量发展中，刘家峡水电站勇担“上游责任”，每年春灌期，刘家峡水电站为甘肃、宁夏、内蒙古等地农业生产补水 8 亿~12 亿 m^3，灌溉面积 1600 万亩，引黄灌区灌溉保证率达到 85%，大幅提升了粮食产量。

从 2020 年开始，刘家峡水库作为兰州第二水源地，每年为兰州提供 5.5 亿~8.3 亿 m^3 饮用水。刘家峡水电站因此每年减少发电量 1.3 亿~2 亿 kW · h。

2021 年，在“双碳”背景下，我国加快构建以新能源为主体的新型电力系统。作为电力系统重点调峰电源，刘家峡水电站根据需要，在白天关停部分机组，把电量外送空间留给风、光电；在夜晚则增开机组，弥补风、光电缺口，做到电站出力与新能源出力“彼消此长”“彼长此消”，全力配合电力系统调峰调频，促进电网平衡、新能源消纳。

从 1969 年 3 月首台机组发电起，截至 2023 年 3 月 31 日，刘家峡水电站累计发电 2641 亿 kW · h，创造不变价工业总产值 197.73 亿元，相当于建厂投资的 31 倍。按每千瓦时发电消耗 320 g 标准煤计算，相当于节约燃煤 8451 万 t，减少二氧化碳排放 15344 万 t。企业先后两次荣获全国“五一劳动奖状”，入选中华人民共和国成立 60 周年 100 项经典及精品工程、国家第二批工业遗产、中华人民共和国成立以来甘肃省 60 件成就地标。2021 年，在建党百年之际，刘家峡水电站被中宣部命名为全国爱国主义教育示范基地，成为中央企业首批爱国主义教育示范基地。

过程性学习任务

刘家峡水电站的修建，开始了国人构筑中国水电梦的伟大梦想。通过学习以上材料，并观看黄河水电站全景沙盘和三维立体动画展示的黄河水电站的分布状况后，你有什么样的心情？

____

____

____

____

学习资源 5　黄河风光

“南有长江三峡，北有黄河三峡”。黄河三峡风景名胜区位于甘肃省中部西南，临夏回族自治州北部永靖县境内，西与青海接壤，东北与兰州相连，是古丝绸之路的重要通道，由炳灵峡景区、刘家峡景区和盐锅峡景区组成。该景区人文景观丰富，自然风光秀美，素以刘家峡水电站、炳灵寺石窟闻名于世。黄河呈“S”形流经县域 107 km，形成了炳灵峡、刘家峡、盐锅峡三大峡谷景观，有“黄河明珠”之称的刘家峡、盐锅峡、八盘峡三座水电站，是我国水电事业的摇篮，2004 年刘家峡水电站被列为全国工业旅游示范点。

黄河三峡风景名胜区境内自然风光俊奇秀美，名胜古迹星罗棋布，古今文化交相辉映。炳灵湖、太极湖、毛公湖是西北地区最大的人工淡水湖，形成了西北黄土高原特有的“高峡平湖”风光；以炳灵石林为代表的丹霞地貌面积在我国西北地区十分罕见，被古人誉为“天下第一奇观”；太极岛是黄河中上游最大的人工湿地，灰鹤、白鹤、釉顶鹤等 26 种 2 万多只珍禽在这里栖息；境内挖掘出的恐龙足印群化石地质遗迹规模大，种类多，遗存完整，堪称世界之最；黄河两岸有遗存丰富灿烂的仰韶文化、齐家文化和辛甸文化，被称为“彩陶之乡”，出土的“彩陶王”现藏于中国历史博物馆。景区内花儿、傩舞、贤孝、财宝神等民俗和民间文艺多姿多彩、淳朴独特，被联合国非物质遗产保护组织列为“临夏花儿采集地”。

过程性学习任务

太极岛是黄河中上游最大的人工湿地，也是我们本次研学旅行课程中要学习的单元课程目的地之一。“红山白土头，黄河向西流”的永靖黄河三峡太极岛被称为“沙鸥翔集”的鸟类王国。在行前，请查询太极岛上的5种珍禽的外貌特征和生活习性。

____

____

____

____

【课后作业】

阅读下列材料，完成课后作业。

《参观刘家峡水电站》

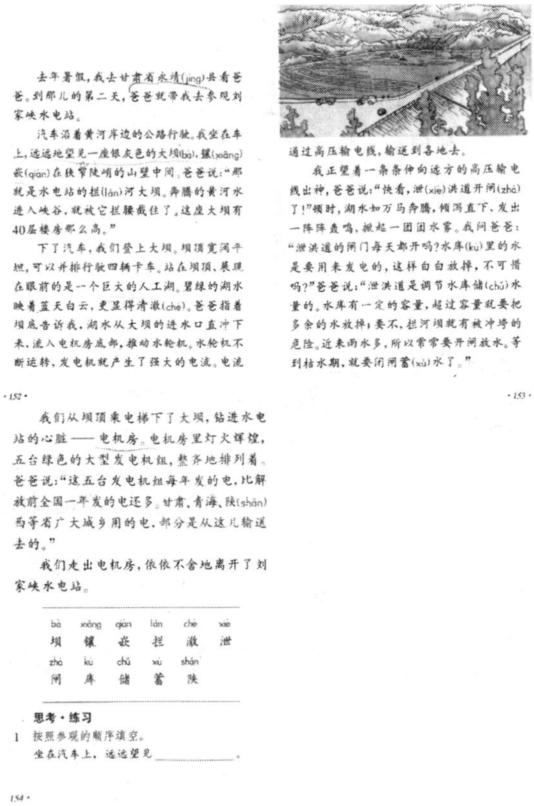

去年暑假，我去甘肃省永靖(jìng)县看爸爸。到那儿的第二天，爸爸就带我去参观刘家峡水电站。

汽车沿着黄河岸边的公路行驶。我坐在车上，远远地望见一座银灰色的大坝(bà)，镶(xiāng)嵌(qiàn)在陡峭的山壁中间。爸爸说：“那就是水电站的拦(lán)河大坝。奔腾的黄河水进入峡谷，就被它拦腰截住了。这座大坝有40层楼房那么高。”

下了汽车，我们登上大坝。坝顶宽阔平坦，可以并排行驶四辆卡车。站在坝顶，展现在眼前的是一个巨大的人工湖。碧绿的湖水映着蓝天白云，更显得清澈(chè)。爸爸指着坝底告诉我，湖水从大坝的进水口直冲下来，流入电机房底部，推动水轮机。水轮机不断运转，发电机就产生了强大的电流。电流

·152·

通过高压输电线，输送到各地去。

我正望着一条条伸向远方的高压输电线出神，爸爸说：“快看，泄(xiè)洪道开闸(zhá)了！”顿时，湖水如万马奔腾，倾泻直下，发出一阵阵轰鸣，掀起一团团水雾。我问爸爸：“泄洪道的闸门每天都开吗？水库(kù)里的水是要用来发电的，这样白白放掉，不可惜吗？”爸爸说：“泄洪道是调节水库储(chǔ)水量的。水库有一定的容量，超过容量就要把多余的水放掉；要不，拦河坝就有被冲垮的危险。近来雨水多，所以常常要开闸放水。等到枯水期，就要闭闸蓄(xù)水了。”

·153·

我们从坝顶乘电梯下了大坝，钻进水电站的心脏——电机房。电机房里灯火辉煌，五台绿色的大型发电机组，整齐地排列着。爸爸说：“这五台发电机组每年发的电，比解放前全国一年发的电还多。甘肃、青海、陕(shǎn)西等省广大城乡用的电，部分是从这儿输送去的。”

我们走出电机房，依依不舍地离开了刘家峡水电站。

bà 坝　xiāng 镶　qiàn 嵌　lán 拦　chè 澈　xiè 泄

zhá 闸　kù 库　chǔ 储　xù 蓄　shǎn 陕

思考·练习

1　按照参观的顺序填空。

坐在汽车上，远远望见__________。

154·

课文引自“小学语文第八册(人教版)”

1. 重温课文《参观刘家峡水电站》,总结作者的游览顺序。

2. 查阅资料,绘制刘家峡水电站的分布图。

3. 在手绘图中标注出作者的游览顺序。

粘贴处

第二单元(略)。

第三单元(略)。

第四单元(略)。

【思政园地】

> 研学旅行课程手册"行中任务"的设计,要符合学习者的认知规律。作为教材和学习辅导书,研学任务要因材施教,任务的难易程度和执行深度要根据学生的学段特征和认知能力动态调整。

3.3　任务实施

【工作流程】

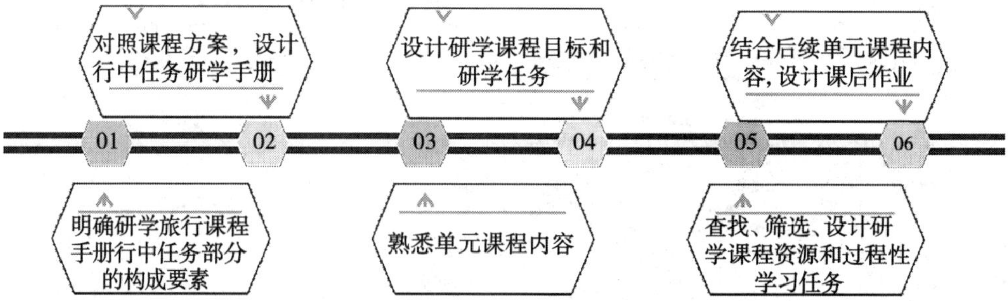

【工作要点】

在为研学旅行课程手册的某一单元课程设计行中任务时,应当避免陷入"手册越厚越好"的误区。在选择学习资料时,必须经过筛选、提炼和加工,以确保仅包含与研学旅行课程直接相关的信息。这样做的目的是激发学生的求知欲,并通过直切主题,引导他们进行进一步的讨论、思考和实践,实现研学旅行的研究性学习教育目标。

【课程主题】

【课程资源】

【课程实施地点】

【课程时长】

【相关学科】

【课程目标】

知识与能力:

过程与方法:

情感态度与价值观:

【研学任务】

1.
2.
3.

【课程实施】

学习资源 1

过程性学习任务

学习资源 2

过程性学习任务

【课后作业】

3.4 能力提升

【知识自测】

一、判断题

1. 不同学段的学生可以使用内容一样的研学旅行课程手册。(　　)

2. 研学旅行课程手册中的研学任务越多越好。(　　)

二、单选题

1. 在课程实施环节,学习资源应与单元课程的学习内容相关,且需设置(　　)。

A. 过程性学习任务　　B. 课程目标　　C. 课程主题　　D. 课程评价

2. 行中任务的设计围绕研学旅行(　　)展开。

A. 行前须知　　B. 课程实施　　C. 课程简介　　D. 课程评价

三、多选题

1. 以下要素中,(　　)不是行中任务部分的构成要素。

A. 课程简介　　B. 课程规划　　C. 课程目标　　D. 总结拓展

E. 课程实施

【能力自测】

阅读下列材料,以湖南张家界国家森林公园为例,为高中一年级学生设计自然生态类研学旅行课程的一个过程性学习任务。

湖南张家界国家森林公园位于武陵山脉东段,地势由西北向东南倾斜,是中国第一个国家森林公园。现处于峰林演化史的青年期,地貌奇特,石峰林立,形态各异,树木茂盛;四周山地环抱,坡陡沟深,气候暖湿,景点众多。张家界的砂岩峰林地貌是一种独特的地貌形态和自然地理特征。1988 年 8 月,张家界武陵源旅游区被列入国家重点风景名胜区;1992 年 12 月,因奇特的石英砂岩大峰林被联合国列入《世界自然遗产名录》;2004 年 2 月,张家界国家森林公园被列入世界地质公园。张家界国家森林公园自然资源丰富,从植物的用途来分,可分为药用植物、观赏植物等七大类;从生物学特性来看,仅木本植物这一项,就有 93 科,517 种,比整个欧洲还多出一倍以上。

(材料改编自百度百科:张家界国家森林公园)

过程性学习任务

____

____

____

【学习小结】

学习要点	
执行任务遇到的困难	
解决的办法	

任务4　研学旅行课程手册总结拓展及附件设计

4.1　任务描述

【任务内容】

结合所学知识,针对项目3中自己设计的研学旅行课程方案,完成研学旅行手册“总结拓展”中研学评价环节的设计。

【完成方式】

个人。

【成果形式】

文本。

4.2　知识储备

【知识点1】总结分享

在总结分享环节,需要引导学生将学习心得和实践探究成果进行整理汇总,通过记录成果、分享经验、总结不足等,完成研究性学习和旅行体验相结合的研学旅行。

记录成果

1. 2. 3. 4.

分享经验

1. 2. 3. 4.

总结不足

1. 2. 3. 4.

【知识点2】研学评价

在研学旅行课程手册中,研学评价由学生评价和教师评价构成,可采用质性评价与量

化评价相结合的办法,从过程性评价和成果性评价两方面进行。(学生评价详见项目 3 任务 7 研学旅行课程评价设计)

1. 自我评价表

研学旅行课程学生自我评价表,如表 4-1 所示。

表 4-1　研学旅行课程学生自我评价表

评价类型	评价指标	评价内容	评价结果			
			优秀	良好	合格	仍需努力
过程性评价	知识	能细心观察,认真学习,理解并掌握所学内容; 能及时、准确、完整地记录学习信息				
	能力	具有良好的卫生习惯和生活习惯,能管理好自己的物品并合理安排时间,作息规律; 具有信息收集和问题分析能力,能主动参与并完成实践活动; 具有团队合作精神和沟通表达能力,能与团队成员协作完成共同任务; 具有一定的审美能力				
	行为	能遵守研学旅行纪律要求,服从老师的管理; 在公共场合不大声喧哗打闹,不随意打断老师,言行举止文明				
	态度	热爱祖国,崇尚科学,有正确的人生观和价值观; 有强烈的集体荣誉感和社会责任感; 学习态度端正,学习目的明确,能主动学习,勇于尝试				
成果性评价	文本类成果	信息完整、准确,结构清晰; 语言表述连贯、书写规范; 观点视角独特,有一定的创新性; 知识运用科学,问题分析具有逻辑性				
	实践创作类成果	主题突出,积极向上,内容充实,结构合理; 成果的表现手法能表现出制作技术、制作工艺等; 成果视角独特,具有创新性				
	影像图片类成果	主题突出,积极向上,内容充实,结构合理; 成果的表现手法能表现出影像图片的艺术性,展示一定的技术价值; 成果视角独特,具有创新性				
总体评价结果						

2. 质性评价表

研学旅行课程学生质性评价表，如表 4-2 所示。

表 4-2　研学旅行课程学生质性评价表

评价类型	一级指标	二级指标	评价内容	评价结果			
				优秀	良好	合格	仍需努力
过程性评价	知识	信息记录	能细心观察，学习信息记录及时、准确、完整、清晰； 能随时记录学习中的体验感悟				
		反思应用	理解并掌握所学内容，能进行及时反思和应用				
		迁移拓展	能在掌握所学内容的基础上，迁移情景，拓展思路，举一反三				
	能力	生活能力	有良好的卫生习惯和生活习惯，能独立完成日常生活； 能管理好自己的物品，合理安排时间，生活有序； 饮食健康、消费合理，作息规律				
		信息处理能力	能有目的地收集、判断、分析、表现信息				
		合作能力	具有合作意识，能认真倾听、尊重他人； 能资源共享，与团队成员协作完成共同任务				
		沟通能力	思维清晰、语言表达流畅，逻辑清楚； 善于提问，能积极回答问题				
		探究能力	能消化吸收所学内容； 能发现问题、分析问题、解决问题				
		实践能力	能主动参与各类社会实践、动手操作、设计制作等活动； 能利用所学知识与技能，完成实践任务，获得成果				
		创新能力	具有创新意识和想象力，求知欲强； 善于捕捉新信息，主动发现问题； 能积极思考、提出自己的观点				
		反思能力	能正确认知自我，调节情绪，约束行为； 善于反思、总结、不断改进				
		审美能力	能感受到生活、自然、艺术、科学文化中的美； 掌握一定的审美知识，对自然、文化具有欣赏能力； 能在学习中通过多种形式表现美				

续表 4-2

评价类型	一级指标	二级指标	评价内容	评价结果			
				优秀	良好	合格	仍需努力
过程性评价	行为	纪律秩序	遵守研学旅行课程要求，服从老师的管理； 参观学习遵守纪律，有序排队，安全意识强，能自觉维护公共秩序； 时间观念强，不迟到，不影响课程学习的进程				
		文明礼仪	在公共场合不大声喧哗打闹，言行举止文明； 在参观学习中能爱护公共财产，保护环境，做到文明旅行； 学习过程中能认真倾听老师的讲解、观看示范，不随意打断、不妄加议论				
	态度	品德修养	热爱祖国，崇尚科学，有正确的人生观和价值观； 诚实守信、遵纪守法，尊敬师长、团结同学、礼貌待人； 能珍惜集体荣誉，维护集体利益，有社会责任感				
		学习态度	学习态度端正，学习目的明确，学习愿望强烈； 学习准备充分，能主动学习，勤于思考，勇于尝试				
成果性评价	文本类成果	完整性	信息完整、结构清晰				
		规范性	语言表述连贯、书写规范				
		科学性	信息准确，知识运用科学，问题分析具有逻辑性				
		创新性	观点视角独特，有一定的创新性				
	口头表达类成果	流畅性	表述自然流畅，观点清晰准确、用词贴切				
		完整性	信息完整、结构清晰				
		规范性	语言表述连贯、书写规范				
		创新性	观点视角独特，有一定的创新性				

续表 4-2

评价类型	一级指标	二级指标	评价内容	评价结果			
				优秀	良好	合格	仍需努力
成果性评价	影像图片类成果	主题性	主题突出，积极向上，内容充实，结构合理				
		技术性	成果的表现手法能表现出影像、图片的艺术性，展示一定的技术价值				
		艺术性	成果具有艺术审美价值				
		创新性	成果视角独特，有一定的创新性				
	实践创作类成果	主题性	主题突出，积极向上，内容充实，结构合理				
		技术性	成果的表现手法能表现出制作技术、制作工艺等				
		艺术性	成果具有艺术审美价值				
		创新性	成果视角独特，具有创新性				
总体评价结果							

【知识点 3】拓展学习

研学旅行课程的后续学习并不会随着一次研学旅行活动的结束而停止。拓展学习环节是对研学旅行课程手册中“行中任务”的后续延伸，既是巩固强化本次研学旅行课程成果的重要手段，也是延长学生关注点、开启下一次研学旅行课程的伏笔，具有承上启下的作用。拓展学习环节的内容与本次研学旅行课程主题相关，但学习形式不限，可以是问题思考，也可以是实践探究，具有开放性特点。

我们继续以“水电明珠”刘家峡水电站两日研学旅行课程为例，该课程以黄河三峡之刘家峡为核心研学资源，由 4 个单元课程组成。在拓展学习中，可以继续从黄河文化、水电科技、自然生态、红色精神、国情教育、劳动教育等方面挖掘探究性问题。

【课堂示例】

虽然本次研学旅行活动结束了，但这并不意味着学习的终止，前方还有很多惊喜和奥秘等待我们探索。这次“水电明珠”之旅中，黄河三峡太极岛是湿地，请大家根据学习到的知识，总结出湿地生态系统的三要素，并举例说明甘肃永靖黄河三峡湿地的最主要特征。

【知识点 4】附件

研学旅行课程手册的附件部分由研学旅行师资团队介绍,住宿、分车、用餐名单等各类表单,导师团队人员电话信息、学生小组成员电话信息、研学交通信息、驻地医院和派出所联系信息等重要信息,研学旅行过程管理所需表格(活页),研学旅行课程实施安全管理措施、安全应急预案等构成,是研学旅行课程顺利实施的保障内容。

1. 各类信息表

各类信息表如表 4-3～表 4-9 所示。

表 4-3　研学旅行师资团队信息表

序号	职务	姓名	性别	民族	联系电话	对应班级	职责
1	学校代表						
2	带队老师 1						
3	带队老师 n						
4	项目组长						
5	研学旅行指导师 1						
6	研学旅行指导师 n						
7	导游						
8	安全员						
9	随队医生						

表 4-4　××班研学旅行学习小组成员名单及联系电话一览表

序号	组别	姓名	性别	民族	联系电话	备注
1						组长
⋮						

表 4-5　用餐名单

桌次	班级	学生名单	责任教师
⋮			

表 4-6　住宿名单

日期	住宿地点	班级	姓名	性别	房间号	责任教师
⋮						

表 4-7　交通信息表

日期	时间	交通类别	车次/车牌号	车厢号/车号	乘车班级	责任教师
		火车	G123	5		
		大巴	豫 654321	1		
⋮						

表 4-8　相关医院信息表

地点	医院名称	医院地址	联系电话
⋮			

表 4-9　相关派出所信息表

地点	派出所名称	派出所地址	联系电话
⋮			

2. 研学旅行过程管理所需表格

本部分表格由研学旅行指导师单独保存，在研学旅行课程实施中使用。如表 4-10～表 4-12 所示。

表 4-10　研学物资发放表

班级	组别	下发物品名称	经办人	上交物品名称	经办人	责任教师
⋮						

表 4-11　研学途中人数清点表

日期				责任教师					
班级	人数	地点 1	地点 2	地点 3	地点 4	地点 5	地点 6	地点 7	地点 8
⋮									

表 4-12　研学途中学生答疑记录表

序号	日期	学生的疑问	处理方式	结果反馈
⋮				

3. 安全管理措施及安全应急预案

略。(参见项目 3 任务 8 研学旅行课程安全管理设计)

【思政园地】

研学旅行课程手册的总结拓展部分,是对本次研学旅行课程学习成果的总结、反思、评价和后续学习的有机延伸。研学旅行指导师要因地制宜,因势利导,在现有课程资源、课程主题和学习成果的基础上,分析学生的兴趣点和尚未解决的问题,参照后续学校教育的内容,进行拓展学习任务的设计。

4.3　任务实施

【工作流程】

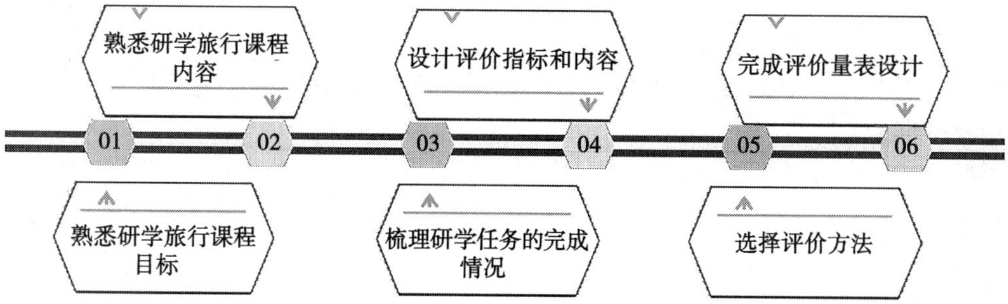

【工作要点】

研学评价环节的重点在于对照研学旅行课程目标和研学任务,设计评价指标和评价内容,并选择合适的评价方法。(参见项目 3 任务 7 研学旅行课程评价设计)

【任务实施】

1. 自我评价

<table>
<tr><td rowspan="2">评价类型</td><td rowspan="2">评价指标</td><td rowspan="2">评价内容</td><td colspan="4">评价结果</td></tr>
<tr><td>优秀</td><td>良好</td><td>合格</td><td>仍需努力</td></tr>
<tr><td rowspan="4">过程性评价</td><td>知识</td><td></td><td></td><td></td><td></td><td></td></tr>
<tr><td>能力</td><td></td><td></td><td></td><td></td><td></td></tr>
<tr><td>行为</td><td></td><td></td><td></td><td></td><td></td></tr>
<tr><td>态度</td><td></td><td></td><td></td><td></td><td></td></tr>
<tr><td rowspan="3">成果性评价</td><td>成果 1</td><td></td><td></td><td></td><td></td><td></td></tr>
<tr><td>成果 2</td><td></td><td></td><td></td><td></td><td></td></tr>
<tr><td></td><td></td><td></td><td></td><td></td><td></td></tr>
<tr><td colspan="3">总体评价结果</td><td></td><td></td><td></td><td></td></tr>
</table>

2. 教师评价

<table>
<tr><td rowspan="2">评价类型</td><td rowspan="2">评价指标</td><td rowspan="2">评价内容</td><td colspan="4">评价结果</td></tr>
<tr><td>优秀</td><td>良好</td><td>合格</td><td>仍需努力</td></tr>
<tr><td rowspan="4">过程性评价</td><td>知识</td><td></td><td></td><td></td><td></td><td></td></tr>
<tr><td>能力</td><td></td><td></td><td></td><td></td><td></td></tr>
<tr><td>行为</td><td></td><td></td><td></td><td></td><td></td></tr>
<tr><td>态度</td><td></td><td></td><td></td><td></td><td></td></tr>
<tr><td rowspan="3">成果性评价</td><td>成果 1</td><td></td><td></td><td></td><td></td><td></td></tr>
<tr><td>成果 2</td><td></td><td></td><td></td><td></td><td></td></tr>
<tr><td></td><td></td><td></td><td></td><td></td><td></td></tr>
<tr><td colspan="3">总体评价结果</td><td></td><td></td><td></td><td></td></tr>
</table>

4.4 能力提升

【知识自测】

一、判断题

1. 研学评价由教师完成即可，学生没必要进行自我评价。(　　)

2. 拓展学习环节是对研学旅行课程手册中“行中任务”的后续延伸。(　　)

二、单选题

1. (　　)是研学旅行课程顺利实施的保障内容。

A. 研学任务　　B. 研学评价

C. 附件　　D. 拓展学习

2. 根据评价手段的不同，研学旅行课程评价方法可为量化评价和(　　)。

A. 质性评价　　B. 过程性评价

C. 成果性评价　　D. 诊断性评价

三、多选题

1. 分房名单中，(　　)是必备信息。

A. 姓名　B. 性别　C. 年龄　D. 房间号　E. 籍贯

【能力自测】

结合所学知识，针对项目 3 中自己设计的研学旅行课程方案，完成研学旅行手册“总结拓展”中拓展学习环节的设计。

【学习小结】

学习要点	
执行任务遇到的困难	
解决的办法	

任务5　研学旅行课程手册设计要点

5.1　任务描述

【任务内容】

结合所学知识,为“水电明珠”刘家峡水电站两日研学旅行课程案例设计研学旅行课程手册的封面。

【完成方式】

个人。

【成果形式】

文本。

5.2　知识储备

码4-4　研学旅行课程手册内容设计要点和步骤

【知识点1】研学旅行课程手册内容设计要点

1. 突出学习的体验感

研学旅行课程被称为行走的课堂,教学环境具有动态性和开放性等特点,在设置研学任务时,要充分调动学生的感官,强调课程的体验性。如在小学生自然生态类研学旅行课程中,可设置诸如兰花看起来是什么样的、闻起来是什么味道、摸起来是什么感觉、吃起来有什么味道、让你想起来了什么、给你带来什么感受等问题。这些问题的描述,具体形象,有利于逐步调动学生的兴趣,让他们充分体验学习活动。

2. 注重培养生活技能

教育部《大中小学劳动教育指导纲要(试行)》提出,劳动教育是大中小学必须开展的教育活动,要在课外校外活动中安排劳动实践。就研学旅行而言,除了劳动教育类课程,在设计研学旅行课程手册时,也要有意识地将生活技能与常识融入研学任务中,让学生的生活能力在集体旅行、集中食宿中得到锻炼和提升。

3. 设置开放性问题

在研学旅行课程手册中,要避免出现唯一答案、封闭式的问题。要多提出具有开放性的真实问题,通过设置“为什么?怎么办?做什么?”,激发学生的好奇心和求知欲,实现研学旅行立德树人的根本教育目的。

4. 培养知识迁移能力

根据研学旅行的主题和学习资源,设计多样化的研学任务,让学生在不同的情境中学习和实践,运用所学知识解决实际问题。例如:参观历史遗址时,可以让学生进行文献研究、撰写报告;参加科学试验时,可以让学生进行实地观察、记录数据等。在研学旅行结束后,组织学生进行反思和总结,让他们在研学手册的总结拓展部分记录自己在旅行中学到的知识和技能,以及如何将这些知识和技能应用到实际生活中的感悟。以上这些措施也有助于加深对知识的理解和掌握,提高知识迁移能力。

5. 注重跨学科综合知识的应用

在行中任务设立跨学科课题,通过科学试验、社会调查、设计制作等方式让学生综合运用多种学科知识完成一项实际任务。针对学生在完成任务过程中出现的问题,提供及时反馈和指导。在完成任务后,通过总结拓展,引导学生总结和反思任务中的知识点和技能应用的范围,理解不同学科知识点之间的联系,培养他们对知识的综合运用能力。

【知识点2】研学旅行课程手册外观设计要点

1. 封面设计

封面是研学旅行课程手册的第一印象,为了吸引学生的注意力,可以使用明亮的颜色和简洁的设计,也可以添加一些与研学主题相关的创意元素,如图片或图案。封面标题字体大且清晰,同时在封面上需要注明本次研学旅行的课程主题、起止时间、学生个人信息等内容。

2. 内页设计

为了方便学生携带和使用,手册的尺寸不宜过大,一般可以选择 A4 或 B5 的尺寸。在颜色选择方面,可以选择明亮的颜色搭配,如亮绿色、蓝色或黄色等。也可以在手册内部使用不同的颜色和字体来区分不同的内容,如标题、正文等,在需要强调的内容处使用加粗、下划线或者不同颜色的字体进行标注,提高手册的可读性。

手册的版式设计非常关键。每页的版式设计应简洁明了,避免过多的文字和图片,以方便学生阅读和理解。可以使用简洁的字体和排版,如在每个页面的顶部或底部设置目录,方便学生快速查找所需信息。最后一页设置一个小结栏,总结本次研学旅行的主要收获和感受。

3. 封底设计

手册的封底,可以放置学校的标志或者校训等图案,体现学校的文化特色。适当留出空白区域,以便学生和老师填写签名和日期。还可以添加一些鼓励学生参与研学旅行的话语,激发学生的学习兴趣。

4. 纸质选择

手册的纸质选择也非常重要。应该选择质地良好、不反光、不刺眼的纸张,以保证学生的阅读体验。也可以选择环保可回收的纸张,以体现对环境的尊重和保护。

【思政园地】

> 研学旅行课程手册外观设计要求研学旅行指导师具有一定的创新意识和审美能力。封面要和手册的整体设计风格统一。为凸显研学旅行课程特色,可采用与课程主题相关的创意元素或图案,但要注重细节的处理,避免出现突兀的色彩或元素。

5.3 任务实施

【工作流程】

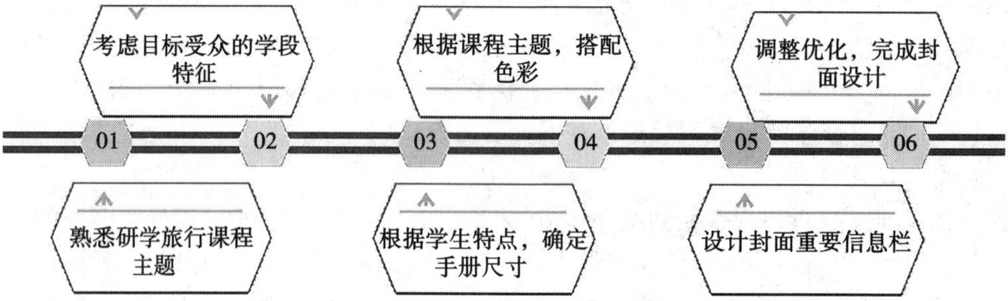

【工作要点】

中小学生研学旅行课程手册的封面设计要明确研学主题和目标学生群体的特征,根据这两者选择合适的颜色和图案元素,使其与研学内容相符。在封面上突出本次研学旅行的重点信息并将其放在显眼位置,便于学生快速获取。

【任务实施】

根据所学知识,完成研学旅行课程手册封面设计任务。设计作业可打印后粘贴在此处。

粘贴处

5.4 能力提升

【知识自测】

一、判断题

1. 在研学旅行课程手册中,为了便于评价,研学任务要有标准答案。(　　)

2. 封面是研学旅行课程手册的第一印象，为了吸引学生的注意力，可以使用明亮的颜色和简洁的设计，也可以添加一些与研学主题相关的创意元素。(　　)

二、单选题

1. 为了方便学生携带和使用，手册的尺寸不宜过大，一般可以选择 A4 纸或(　　)纸的尺寸。

A. B5　　B. A3　　C. B3　　D. B4

2. 以下描述中，属于开放性问题的是(　　)。

A. 花由哪几部分组成

B. 举例说明力的作用及其在生活中的应用

C. 中国有多少项世界遗产

D. 声音是如何在空气中传播的

三、多选题

1. 研学旅行课程手册内容设计要点包括(　　)。

A. 突出学习的体验感

B. 注重培养生活技能

C. 设置开放性问题

D. 培养知识迁移能力

E. 注重跨学科综合知识的应用

【能力自测】

在本项目任务 3 的案例中，选择“课程实施”环节的某一个过程性学习任务，为其设计研学旅行课程手册的内页。设计作业可打印后粘贴在此处。

粘贴处

【学习小结】

学习要点	
执行任务遇到的困难	
解决的办法	

【项目评价】

请按照评价类别，分别在下表对应的等级下打“√”。

评价类别	评价项目	评价指标	A	B	C	D
自我评价	学习态度	能认真听讲，积极参与课堂讨论，按时完成学习任务				
	合作能力	能积极参与小组学习，与小组成员团结协作，共同完成任务				
	任务完成	1. 能借助网络搜索引擎，完成资料的搜集整理				
		2. 能够设计出与研学旅行课程相配套的研学旅行课程手册的内容				
		3. 能根据设计要点完成研学旅行课程手册的外观设计				
小组评价	合作态度	能积极参与小组合作学习，能互相尊重，能倾听别人的意见				
	团队意识	能互帮互助，共同学习，有团队合作意识				
	团队协作	有明确的分工，能共同制订计划，互相配合完成任务				

续表

评价类别	评价项目	评价指标	A	B	C	D
教师评价	道德品质	对老师有礼貌,能关心帮助同学,正直守信,集体荣誉感强				
	自我管理	能遵守课堂纪律,按时出勤,无迟到早退现象,能约束自己的言行				
	学习态度	能认真听课,学习目标明确,学习态度主动,能按时完成学习任务				
	课堂表现	求知欲强,勤学好问,能有条理地表达自己的观点和意见				
	创新意识	能积极思考,善于发现问题、分析问题并提出解决方法				
	合作能力	能积极参与小组活动,能为实现集体目标付出努力,能与他人合作共同完成任务,能共享资源和成果				
	实践能力	具备收集、处理信息和获取新知识的能力;思维活跃,敢于探索,善于积累;有一定应变能力和自主学习能力				

注:评价等级A为优秀;B为良好;C为一般;D为以上三点均不符合,需努力

【项目自测】

项目4 知识自测

项目 5　研学旅行课程组织与实施

【项目导学】

万事俱备,整装出发。研学旅行课程的组织与实施体现了研学旅行课程的教学过程,是对研学旅行课程方案和手册的具体落实,突出了研学旅行的体验性、实践性和综合性,在执行中面临着许多临时性挑战。按照时间顺序,研学旅行课程的组织与实施分为行前准备、行中实施和行后总评三个阶段。通过本项目的学习,研学旅行指导师要在理解研学旅行教育目标的基础上,灵活掌握基本原则和流程,掌握研学旅行课程组织与实施的基本知识和技能,不断提升研学旅行指导师的能力水平。

【学习目标】

知识目标	1. 熟悉研学旅行课程组织与实施的流程; 2. 掌握研学旅行课程行前准备阶段的基本知识与技能; 3. 掌握研学旅行课程行中实施阶段的基本知识与技能; 4. 掌握研学旅行课程行后总评阶段的基本知识与技能
能力目标	1. 能够与他人配合实施研学旅行课程方案; 2. 能够解决研学旅行课程实施中出现的问题
素质目标	培养全局意识、整体思维和团队合作精神

【情境导入】

现在,小张已经完成了研学旅行课程方案的设计和研学旅行课程手册的编制。研学旅行课程的组织与实施是动态的、复杂的。面对即将开始的研学旅行,研学旅行指导师怎样才能顺利实施研学旅行课程、达成研学旅行课程目标呢?小张希望能通过解决以下困惑,掌握基本的课程组织与实施技能。

1. 研学旅行课程实施可分为哪些阶段?每个阶段的任务是什么?
2. 行前准备阶段,主办方、承办方、供应方各自要做哪些准备?
3. 行中实施阶段,研学旅行指导师的工作流程和职责是什么?
4. 行后总评阶段,研学旅行指导师要从哪些方面做好学习成果的评价与总结?

【任务导航】

任务 1　研学旅行课程行前准备

1.1　任务描述

【任务内容】

结合所学知识,4~6 人一组,分别扮演主办方、承办方、供应方的工作人员,针对某一研学旅行课程方案,完成行前准备阶段的沟通洽谈。

【完成方式】

小组。

【成果形式】

文本、角色扮演。

码 5-1　研学旅行课程行前准备

1.2　知识储备

【知识点 1】师资团队组建工作

1. 组建研学旅行课程师资团队

广义上,研学旅行课程的师资团队,包括所有参与本次研学旅行课程教学的工作人员,如学校代表、带队老师、项目组长、研学旅行指导师、导游、安全员、队医、研学项目专家等。根据《研学旅行服务规范》(LB/T 054—2016),学校代表一般由一名学校中层干部担任,负责督导研学旅行活动按计划进行。带队老师全程参与各项活动,并做好学生的组织管理工作,每 20 名学生宜配备一名学校带队老师。

对于承办方而言,课程中标后,应立即组建课程项目组,由组长统筹协调本次研学旅行的各项事宜,根据出行学生人数,配齐研学旅行指导师、导游及安全员等。以常见的集体出行交通工具旅游大巴车为例,每辆车至少配备一名研学旅行指导师、一名导游和一名安全员。随队医生根据研学旅行团队数量配备,项目专家视研学旅行课程教学的开展需求而定。

2. 审核承办方项目组成员资质

在确定研学旅行课程师资团队成员后,应将成员资质证明提交至主办方审核,所有团队成员必须符合国家关于研学旅行从业人员的相关标准,具有相应从业资格;能够胜任主办方招标公告中提出的岗位工作职责。

3. 明确工作管理机制

研学旅行课程师资团队成员确定后,主办方和承办方应建立团队工作管理机制。研学旅行课程教学与实施环节以承办方研学旅行指导师为主,主办方教师配合承办方对学生进行组织管理,并对研学旅行课程教学的实施进行全程监督。遇到课程实施过程中与招标协议不一致的内容或标准调整等,须经学校代表同意。如有严重不符内容出现,学校代表须上报学校,同意后方可继续执行。

【知识点 2】主办方行前组织工作

1. 做好行前动员工作

首先研学旅行开始前,向学生介绍研学旅行课程的特点、课程目标、基本任务和评价手段等,让学生了解本次研学旅行课程的学习方式和学习成果要求。其次,还要向学生说明研学旅行课程管理的规程,让学生明确在研学旅行中应当遵守的纪律要求和个人行为准则。第三,通过家长委员会、致家长的一封信或召开家长会等形式向家长明确告知研学旅行的教育背景、课程意义、费用事宜和相应责任,摸底排查学生的健康状况,以取得家长的理解与支持,保证研学活动的顺利开展。

2. 组建研学旅行学习小组

研学旅行学习小组是研学旅行课程实施中,为方便教学和学生管理、充分发挥学生的主观能动性和个体才能、提高自学能力、培养学生的团队合作精神和责任担当意识而建立的合作学习组织,是开展研学旅行的主要组织形式。研学旅行学习小组的组建,可采用学生自由组队和指导师分配两种形式。根据学习需要,将整班分为若干个学习小组,每组4~6人,设置1名组长,负责与带队老师、研学旅行指导师和组员之间的信息传达以及本组的日常管理。

3. 开设行前教育课程

学校开设的行前教育课程,主要包括安全教育、课题研究方法讲座、课程相关知识讲座、旅行常识和行前准备。

首先,在校内准备期间,学校要针对研学旅行开设专门的安全教育类课程,结合研学旅行课程手册,向学生讲明日程安排、课程学习要求、课程组织形式、文明礼仪、纪律要求等,公布分房、用餐、乘车的原则和名单,开展包括交通、饮食、住宿、人身财产等在内的安全教育。

其次,研学旅行是研究性学习与旅行体验相结合的教育形式,在行前准备阶段,既要为学生普及旅行常识和文明旅行的要求,又要开设专门的研究性课题讲座和知识讲座,培养小学生的探究思维和研究意识,让中学生熟悉考察探究式学习的基本方法、研究报告撰写的基本格式及成果展示的具体形式。

最后,向学生再次强调出行纪律,对照研学旅行课程手册,提醒学生做好行前物品准备。

4. 与承办方积极沟通

学校代表要与承办方项目组组长就研学旅行行前工作中双方的分工与职责及需要相互配合的情况进行积极沟通。对照签订的协议,认真审核课程方案、研学课程手册等。监督承办方按照协议规定,合理采购交通服务、住宿服务、餐饮服务及研学目的地教育服务等。

【知识点3】承办方行前准备工作

1. 多方沟通洽谈

在行前，承办方要与主办方建立沟通渠道，围绕研学旅行课程方案设计、课程组织与实施、研学手册编制等方面，进行充分的沟通协商，对课程方案或研学手册出现的各种问题进行修订完善。此外，要跟研学旅行目的地的场馆基地、景区景点、酒店、餐厅、地接社、车队或交通运输部门等参与到本次研学旅行中的各供应方进行合作洽谈，落实课程实施中的相关事宜。对拟合作方进行资质审核，确保供应方有资质、有能力提供研学旅行中的各项服务。

码5-2　课程资源知识准备和物资物料准备

2. 知识准备

研学旅行课程方案是保证研学旅行课程顺利实施、达成教学目标的重要教学资料，也是根据主办方要求，按照研学旅行教育规律制定的指导性、契约性课程规划。为了保证教学质量，研学旅行指导师在出行前要掌握学生学段特征，准确理解课程方案中的研学主题、研学目标、研学资源特色、课程内容和实施方法及评价指标等，熟悉目的地的地理环境、人文历史、民俗文化等，做好与课程开放式研学任务相关的学科知识储备。

研学旅行课程手册是研学旅行指导师的教学参考书和学生的行动指南，具体呈现了研学旅行课程组织和实施的过程，研学旅行指导师在行前要认真阅读，以便在课程实施中能够合理安排行程，在教学中自然融入研学任务。

3. 物资物料准备

为保证研学旅行课程的实施质量，在行前要将课程所需物资物料准备充分，做好保障工作。研学旅行指导师提前准备的物资物料包括教学资料、辅助教学物资及个人物品。教学资料包括开展教学所需的各类文本资料和音频视频资料，如研学旅行课程手册、工作信息表、物品领用表、教具、课件等；辅助教学物资要根据本次课程的师生人数准备，包括学生胸牌、行李牌、活动用奖品、对讲机、扩音器、导游旗、班旗、话筒、饮用水、一次性雨衣等，研学旅行指导师要做好物料领用记录，并说明如有丢失损坏，照价赔偿；个人物品包括手机、充电器、记事本、生活用品、常备药品等。

4. 开设研学旅行行前课程

根据学校需求或课程实施要求，针对即将开展研学旅行的目的地资源和学习任务，开设专题性行前课程，如详细介绍课程资源、为学生开设目的地人文特色知识讲座，让学生对即将参观学习的内容有一定了解，激发学生的学习兴趣和主动性，做好知识储备工作。

此外，为了让学生提前做好各项物质、知识、心理准备，以便更好地开展教学，承办方研学旅行指导师可以在行前课程中开设旅行知识讲座，如个人旅行物品准备、旅行安全知识、相关法律知识、文明旅行知识、目的地民俗文化等；也可以根据学生的学段特征，开设如归纳个人物品、整理内务、待人接物等生活技能类课程。

【知识点4】研学旅行课程师资团队行前培训

主办方参与研学旅行课程的学校代表和带队老师，以及承办方的研学旅行指导师等研学师资团队成员行前培训的内容主要围绕岗位职责、研学旅行课程实施技能、学习成果评价方法、学生安全管理等工作技能和自我管理展开。

在工作技能方面，通过培训，课程师资团队成员要明确岗位职责并能相互配合；研学旅行指导师要熟悉研学旅行课程设计流程，掌握课程方案和研学手册的内容，熟悉课程实施过程，能够独立开展教学并做出课程评价；团队其他成员要熟练掌握安全应急预案、安全防范措施和安全注意事项，能够及时对学生进行安全教育，遇到紧急事件，能够采取恰当措施进行应急处理。

在自我管理方面，团队成员要做好个人形象管理，衣着服饰符合执业要求。要具备良好的心理素质，通过学习研学旅行课程开展过程中发生过的安全事故案例，做好心理准备，以热情周到的服务意识和丰富的专业知识，沉着冷静地应对在研学旅行途中可能发生的突发性事件。

【思政园地】

未雨绸缪，事半功倍。研学旅行课程实施的第一个阶段是行前准备，研学旅行指导师需要围绕研学旅行课程的组织与实施，与主办方、供应方就课程方案和研学课程手册做好沟通交流；为学生上好行前课程，激励学生走出校门，发挥自我潜能，团队协作，完成任务。

1.3　任务实施

【工作流程】

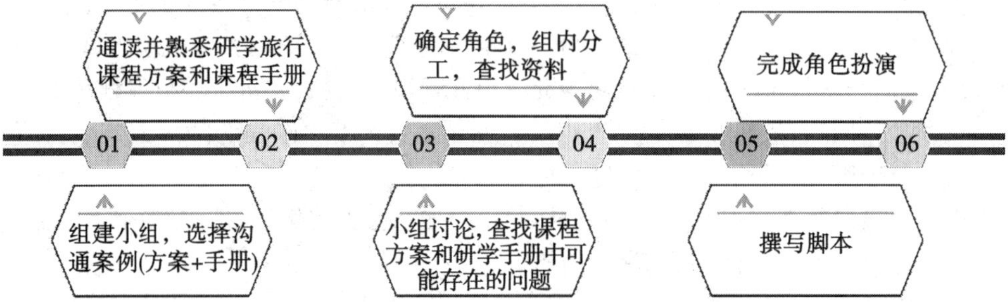

【工作要点】

在行前准备阶段，与主办方和供应方的顺利沟通是研学旅行顺利实施的重点之一。各方沟通主要围绕研学旅行课程方案和研学旅行手册展开，沟通内容要具体，包括从前往目的地的餐饮、交通、住宿、安全保障到研学目的地的资源特色、课程内容、研学任务、评价手段等内容。在与各方沟通前，研学旅行指导师要事先熟悉课程方案和研学手册、完成实地线路勘查，方能应对自如。

【任务实施】

根据所学知识，分工合作撰写脚本，完成角色扮演。脚本可打印后粘贴在此处。

粘贴处

1.4 能力提升

【知识自测】

一、判断题

1. 行前准备工作主要包括组建教学团队、各方围绕本次研学旅行课程方案进行沟通洽谈、组织学生做好各项准备工作等。(   )

2. 研学旅行指导师提前准备的物资物料包括教学资料、辅助教学物资及个人物品。(   )

二、单选题

1. 主办方行前组织工作主要包括召开行前动员会、组建研学旅行学习小组、开设行前教育课程、(   )。

A. 与承办方积极沟通　　B. 组建课程师资团队

C. 审核师资团队资质　　D. 明确工作管理机制

2. 承办方行前准备工作不包括(   )。

A. 与主办方积极沟通　　B. 与供应方沟通洽谈

C. 开设行前课程　　D. 召开行前动员会

三、多选题

1. 研学旅行课程师资团队行前培训主要包括(   )。

A. 岗位职责

B. 研学旅行课程实施技能

C. 学习成果评价方法

D. 学生安全管理

E. 组建课程师资团队

【能力自测】

根据所学知识,以自己在项目 3 中设计的研学旅行课程为例,独立完成一份“致家长的一封信”,告知家长本次研学旅行的背景、意义、时间安排、出行线路、费用收支、注意事项、责任说明等信息。作业可打印后粘贴在此处。

粘贴处

【学习小结】

学习要点	
执行任务遇到的困难	
解决的办法	

任务 2　研学旅行课程行中实施

2.1　任务描述

【任务内容】

根据所学内容，从自己设计的研学旅行课程方案中选择一个单元课程，完成研学旅行课程教学展示。

【完成方式】

个人。

【成果形式】

文本、现场展示。

2.2　知识储备

【知识点 1】研学旅行课程开营仪式相关知识

1. 举行开营仪式的意义

1）明确研学目标

研学旅行开营仪式是研学旅行的起点，通过举行开营仪式，可以让学生认识到研学旅行的重要意义，明确本次研学旅行的目标和任务，激发他们参与研学旅行的热情，从而更好地投入到研学活动中。

2）培养团队精神

研学旅行是一项集体活动，需要学生之间相互合作，共同完成任务。在开营仪式上，学生有机会相互交流、分享想法和经验，有助于建立良好的团队关系。此外，开营仪式上的团队建设活动，如分组、选队长、制定口号等，有助于帮助学生更好地融入团队，学会与他人沟通、协作，增强研学旅行中团队合作和互助精神。

3）增强纪律意识

在开营仪式上，主办方通过宣布研学旅行的纪律和注意事项，有利于增强学生的纪律意识，保证活动的顺利进行。

4）体验仪式感

研学旅行是一种寓教于游的活动，通过在开营仪式上营造旅行体验和探究式学习的氛围，让学生体验仪式感，有助于端正学生的学习态度。

5）增进师生关系

良好的师生互动交流是确保研学旅行顺利实施的重要基础。研学旅行开营仪式是师生共同参与的关键活动，旨在促进师生之间的相互了解和沟通。通过参加仪式，研学旅行指导师可以更多地了解学生的需求和期望，从而更具体地指导学生参与研学活动。同时，学生也可以与研学旅行指导师建立信任感，从而更加积极地投入到研学活动中。这种互动关系有助于学生在研学旅行中获得更好的学习体验，促进学生的个人成长和发展，为后续的研学活动奠定坚实的基础。

2. 举行开营仪式的流程

研学旅行的开营仪式可由主办方组织，也可由承办方组织。前者通常在学校举行，组织参加本次研学旅行的全体师生集中开营，之后开启行程。如果由承办方组织，一般在抵达第一个研学目的地的当天举办。无论是哪一方组织举行开营仪式，流程相似。

1）开场致辞

由研学旅行的组织者或相关负责人致辞，欢迎重要嘉宾、各研学旅行师资团队教师、学生和家长参加研学旅行开营仪式，介绍本次研学旅行的目的和意义。

2）介绍嘉宾

介绍出席开营仪式的嘉宾，包括学校领导、承办方领导、学生家长代表和其他邀请到的重要嘉宾，并向他们表示感谢。如果在第一站目的地举办开营仪式，则介绍受邀参加开营仪式的目的地负责人及研学旅行指导师团队成员。

3）动员讲话

首先，学校领导、承办方领导分别作动员讲话，鼓励学生们积极参与研学旅行，激发他们的学习热情。然后，研学旅行指导师代表介绍研学旅行的行程安排、活动内容、注意事项和安全保障等方面的内容，让学生和家长对整个活动有一个全面的了解。最后，由学生家长代表和学生代表分别发言，表明态度。如果在目的地举行开营仪式，可适当组织师生开展互动节目，用以烘托氛围、增进师生感情。

4）宣读安全须知

由学校代表宣读研学旅行的纪律要求和安全须知，包括行程安排、注意事项、紧急联系方式等，并对学生提出希望和要求。

5）誓师仪式

主持人组织学生宣誓承诺，包括遵守规定、注意安全、积极参与活动等，以加强学生的自律意识和责任感。

6）开营仪式结束

主持人宣布开营仪式结束，并祝愿学生们在研学旅行中度过愉快的学习时光。

【知识点 2】研学旅行课程行中基本原则

码 5-3 研学旅行课程行中基本原则

1. 研学旅行指导师开展教学的基本原则

1）安全第一原则

研学旅行的组织与实施是一项复杂的教学过程，不同于学校教育，研学旅行课程教学任务的执行是在实践中进行的。在外出集体性学习和旅行的过程中，周边环境是动态变化的，安全管理具有潜在风险大、影响因素多、责任主体多、管控难度大的特征，可以说，安全风险贯穿于整个研学旅行活动中。因此，除在研学旅行行前准备阶段做好安全应急预案外，课程执行中研学旅行指导师要坚持安全第一原则，将安全管理融入研学旅行日常管理中，培养学生的安全意识，减少安全事故发生的可能性，清除或降低研学旅行事故的危害和损失。具体措施有：

（1）让学生熟悉课程的行程安排，确保学生掉队或走失后，能在最短时间找到集体并迅速归队。

(2)在用餐、住宿、交通、个人财物保管、学习环境等方面进行不间断的安全教育和纪律要求,确保统一行动,避免出现偏差。

(3)在途中各环节普及安全事故防范和应对知识,如上下车、突发疾病、摔伤落水、交通事故、掉队走失等,引导学生了解旅行途中的潜在风险,提醒学生做好面对突发事件的心理准备,提升风险应对能力。

2)体验探究原则

研学旅行是研究性学习和旅行体验相结合的校外教育活动,它在教学时空上打破了课堂和学校的局限,其教学环境通过研学活动延伸至社会、自然和生活领域,为学生提供了许多考察探究、解决问题的机会。因此,在课程实施时,研学旅行指导师要通过具体的教学内容或研学任务创设开放性教学情境,激发学生的好奇心和求知欲,帮助学生在实地探究中完成任务、拓宽视野。

此外,研学活动中的许多问题是随机出现的,事先无法预测,研学旅行指导师要在观察学生的基础上,给学生提供自由发挥的空间,营造主动求知的氛围,引导学生积极思考,在实践探究、分工合作中解决问题,做到动手与动脑、书本知识和生活经验的统一。

3)趣味新奇原则

研学旅行组织实施的趣味新奇原则是指在研学旅行活动中,通过引入趣味性和新奇性的课程内容和研学任务,提高学生的参与度和学习效果。研学旅行作为行走的课堂,强调学生的体验感,这种学习方式比传统课堂教学更加生动、形象和有趣,可以激发学生的学习兴趣和探究精神。研学旅行指导师在教学实施中,通过设计各种互动环节和新奇有趣的创意活动,如参观、实地考察、手工制作、艺术表演、科学试验、团队合作等,给学生创造动手机会,让学生能够主动参与学习,将不同学科的知识融合在一起,发挥自己的想象力和创造力,解决问题,完成任务。在这一过程中,培养学生的创新思维、团队合作意识和问题解决能力。

4)统筹协调原则

围绕研学旅行课程的组织与实施,研学旅行指导师要统筹协调好各类课程资源和各合作方。

统筹资源。为实现“立德树人”的根本教育目标、培养全面发展的人,研学旅行指导师在课程执行中,需要在学生现有学科知识的基础上,挖掘整合与研学内容相关的多学科资源、跨学科资源及目的地的自然、社会、文化资源。

协调各方。为保障研学旅行课程的顺利实施,研学旅行指导师需要与主办方协商课程开展中的学生管理和学习成果评价等问题,与各供应方按照协议,围绕餐饮、住宿、交通、研学场所的服务与设施等进行沟通。出现突发事件,从维护学生的利益出发,与医院、保险公司、公安部门等机构进行沟通协调。

沟通师生。在研学旅行课程的开展过程中,研学旅行指导师需要根据课程的实施情况,积极地与学校带队老师、项目组长、其他研学旅行指导师、学生群体等进行沟通,及时处理可能会和已经出现的冲突与问题;与师资团队共同对学生的学习过程和学习成果做出客观评价,总结课程执行的经验并及时分享。

2. 学生应遵守的基本原则

1）安全第一原则

学生的安全意识受到年龄、对周围环境的熟悉程度、旅行经历、文化背景及研学场所的环境等因素的影响。研学旅行途中，学生须始终把安全第一的原则放在首位，按照研学旅行课程手册中的安全注意事项和个人行为守则做好自我管理，严格遵守纪律，确保人身、财产、饮食、住宿、交通安全。要服从教师团队和队长、组长的安全管理，遇到突发情况或紧急事件，按照教师团队和安全员的指挥行动。

2）体验探究原则

研学旅行不仅是一种极富实践性的教育方式，更是一种培养学生综合素质的重要途径。学生在研学旅行中，不仅需要认真听讲，更需要在实践探究中观察、思考、分析和解决问题，主动适应社会，积极完成研学任务，加深对所学知识的理解和掌握，促进书本知识和生活经验的深度融合。

3）团队合作原则

研学旅行是一项集体性活动，集体旅行和集中食宿是研学旅行区别于其他旅游活动的重要特征。在研学旅行中，学生除了不断锤炼自己的技能，还需要通过制订计划、分工合作、解决问题等学会与他人合作、交流和分享经验，提高团队协作能力和人际交往能力。

【知识点 3】研学旅行指导师行中工作内容

码 5-4 研学旅行指导师职业规范

研学旅行是一项综合性、集体性活动，动态变化的周边环境给研学旅行课程的组织与实施带来了极大的挑战，需要多方配合才能顺利完成。在研学旅行课程的行中实施环节，学校代表负责与项目组组长沟通协调、指导带队老师工作、对学生情况全程跟进、代表学校对承办方履约情况进行监督评价。带队老师承担学生日常组织管理职责，项目组组长围绕课程实施全面负责调度协调，确保行程顺利推进和教学环节的有效实施。研学旅行指导师负责教学内容的落实、与带队老师配合完成学生的组织与管理等。导游负责研学旅行沿途讲解并提供导游服务。在博物馆或其他研学场所，当讲解员或研学项目专家负责实施教学时，研学旅行指导师要与带队老师配合，分工负责学生的纪律和安全等组织管理工作。安全员和队医负责处理紧急情况和医疗救治，与师资团队共同保障研学旅行的顺利实施。研学旅行行中实施部分，研学旅行指导师的工作流程可归纳为以下几个环节。

1. 行前核对落实

码 5-5 研学旅行指导师工作流程

核实交通。提前了解天气状况，随时关注航班、车次信息，根据路况预留前往车站、机场、码头的行车时间。对接客车司机，定好准确的到校时间及停车位置。

落实食宿。提前对接住宿酒店、就餐餐厅等单位，做好接待准备。核对预订数量、食宿标准、入住方式及就餐形式。

落实教学。落实研学旅行目的地教学场所的门票预订和设备安全隐患排查问题，熟悉参观注意事项，提前沟通教学内容。

对接学校。对接学校代表，确认学生统一集合的地点及承办方师资团队到校的时间。

内部沟通。通过组内会议，与研学旅行课程团队成员（如研学旅行指导师、安全员、队医等）沟通落实好衔接事宜及岗位工作职责。

2. 学校集合出发

联系司机。集合出发当天，研学旅行指导师至少提前10 min抵达学校，并联系客车司机，再次核实客车牌号、车抵达学校的时间及停车地点。

工作对接。统一着装，确认工作事项，领取本班教学物资。教学物资领取之后与班级带队老师接洽，对接需要相互衔接配合的工作内容。

清点人数。开营仪式后，统一集合，清点并确认班级人数，检查证件。

发放物资。为所在班级学生和带队老师发放本次研学旅行的标识牌及行李牌。

强调纪律。强调本次研学旅行的纪律和注意事项。

集合登车。与带队老师配合带领学生有序乘车，协助学生放置行李。待学生全部就座后，强调务必系好安全带，再次清点人数并检查行李物品是否放稳，等待发车。

3. 乘车管理

中小学生研学旅行，选择的交通工具主要为客车、火车。下面，就这两种交通工具的乘车管理，分别进行阐述。

1）乘坐客车

安全教育。上车后要求学生按分配好的座位就座并系好安全带，听从带队老师的管理，做好安全教育。

纪律要求。随时提醒学生保持良好秩序，在车辆行驶过程中禁止在车内嬉戏打闹，避免影响司机安全驾驶，更不要将身体任何部位伸出车外，做到文明乘车。

沿途学习。与学生展开互动交流，简要介绍本次研学旅行的行程安排。介绍完毕后随车导游进行沿途讲解。

提醒工作。下车前，提醒学生带好相关物品及学习资料，记清停车位置、车辆颜色、车号标识、车牌号、集合时间、集合地点等。

清点人数。下车后，与带队老师配合，及时清点学生人数。

2）乘坐火车

进站管理。提前将学生车票、身份证等有效证件发放到人，提醒学生妥善保管，避免丢失。进站前，在安全地点统一集合，强调过安检及检票进站的注意事项。研学旅行指导师和带队老师一前一后，组织学生集体进站。候车时，要求学生在公众场合不得大声喧哗，耐心等候，文明出行。检票时，研学旅行指导师和带队老师一前一后，组织学生集中检票，排队通过闸机口。站台候车时，提醒学生注意安全，不得越过安全线。登车时，与带队老师一前一后，指挥学生有序上车。

车厢管理。提醒学生尽快对号入座，强调乘车纪律，任何人不得随意私自调换座（铺）位。清点人数，协助学生放置行李。根据安排表，与带队老师配合做好车厢值守。

出站管理。到站前15 min，提醒学生收拾好随身物品和证件，带齐行李，做好下车准备。下车时，与带队老师一前一后，带领学生集体下车，并在站台集合整队，在清点人数和行李件数后，统一出站。出站后，寻找空旷地带再次集合清点人数，之后统一到指定地点上客车。各车研学旅行指导师回收本车师生车票，统一保管。（乘坐客车管理事项见本任务知识点"乘坐客车")

4. 住宿管理

宣布分房名单。前往酒店途中，根据学校提供的分房表（按年级、性别等分配），宣读分房名单及住宿要求，提醒学生当晚或次日的研学活动安排。

分发房卡。抵达入住酒店后，学生在车上等候，带队老师随车管理，研学旅行指导师下车前往酒店前台办理入住手续，领取房卡。返回后宣读房间号，并快速分发房卡。

进入房间。研学旅行指导师与带队老师配合，组织学生有序下车，领取本人行李，进入酒店，分批次乘坐电梯直接入住。

确认叫早。研学旅行指导师与酒店前台确认次日叫早时间和早饭时间、地点。

召开班会。晚间查房前依次按小组召开班会，总结当天研学旅行中的问题，提出改进要求，宣布次日研学任务，强调安全注意事项。

辅导作业。准备次日研学旅行课程教学内容，提醒学生按时完成作业，做好辅导工作。

晚间查房。根据查房时间安排表，与班级带队老师一同查房，同时收取当天作业，禁止学生再出房间。统计查房结果，出现问题及时解决。根据排班表，做好轮流值班工作，确保入住酒店期间的学生安全。

办理退房。早饭后收齐房卡，交回前台办理退房手续，提醒学生检查行李，确认无物品遗忘。

5. 用餐管理

餐前准备。前往餐厅途中，提前 30 分钟联系餐厅，落实餐食准备情况。

安全教育。下车前，研学旅行指导师配合带队老师，强调下车后用餐注意事项。

下车整队。提醒学生随身携带好贵重物品，与带队老师相互配合，引导学生有序下车，进入餐厅。

对号入座。根据分餐名单，组织学生按对应桌号就座用餐。

用餐值守。学生落座后，根据值班表，执行用餐值守。监督餐厅上菜情况，维持用餐秩序，解决学生用餐中出现的问题。

集合登车。学生和老师用餐结束后，整队集合，清点人数，如有掉队学生，研学旅行指导师与带队老师分工，带队老师前往餐厅寻找，研学旅行指导师组织其余学生登车。

清点人数。上车后，再次清点人数。无误后，等待发车，并提醒学生系好安全带，注意乘车安全。

6. 教学管理

提前准备。按时收听天气预报，随时关注天气变化，通知学生准备好雨具或防晒用品。如遇灾害性天气状况，及时与校方沟通，不可冒险出行。与景点、场馆或营地等供应方的接待人员提前落实车辆抵达的时间。对于需要供应方讲解员或项目专家讲授的研学旅行课程内容，研学旅行指导师须提前与授课人沟通，并让学生做好相关知识准备。

码 5-6　研学旅行课程实践

集合出发。组织学生前往研学旅行课程开展的场所，清点人数，整队出发。如果距离较远，研学旅行指导师与带队老师相互配合，组织学生乘车前往。如果因距离较近而选择徒步前往，研学旅行指导师和带队老师一前一后，通常情况下，指导师在前，带队老师断后，确保无学生掉队。

课程介绍。途中向学生介绍即将学习的内容和资源特点，强调参观学习或体验探究的注意事项，做好安全教育工作。如果乘车时间较长，可安排师生互动交流活动。

提醒工作。提醒学生带好相关物品及学习资料，记清停车位置、车辆颜色、车号标识、车牌号、集合时间、集合地点等。

下车整队。下车后，选择安全空地快速集合整队，清点人数。

组织教学。研学旅行指导师负责教学内容的落实与课程实施、学生的组织与管理以及紧急情况处置。一般情况下，开展研学旅行课程教学时，带队老师配合做好学生管理工作，保障教学秩序。在教学实施过程中，研学旅行指导师要随时观察学生的学习状态，做好过程性评价记录。如果是体验类课程，还须向学生强调课程结束后，归类放好体验器具，保持场地整洁。遇到紧急情况，研学旅行指导师应迅速采取措施进行处理，提醒学生注意安全，并将突发情况及时上报项目组长和学校代表。

检查任务。布置研学任务，检查学生的完成进度，做好辅导工作。

组织管理。由地接导游、场馆讲解员、项目专家等实施教学时，研学旅行指导师配合带队老师随时提醒学生不要离队，保持安静，认真听讲，文明参观，有效学习，注意安全。如学生遇到特殊情况需离队，必须向带队老师请假。

清点人数。课程结束后，选择安全空地集合整队，清点人数。

整理成果。每日收集学生在研学旅行活动中的表现和成果，将相关照片、视频、教学记录分类整理，建立学生过程性学习档案，以备行后总评时参考。

7. 工作例会

总结当天教学工作。参加项目组长召开的例会，对当日研学旅行课程实施情况进行总结，对学生的表现、课程执行时长、研学旅行指导师的教学能力、供应方的服务情况等进行汇总分析，讨论并解决出现的问题。根据学校代表对研学旅行课程教学的建议做出改进。

确定第二天教学安排。统筹第二天的课程组织与实施工作，提前调度沟通（包括教学场所的设施设备和师资、教学物资、用餐、住宿、用车在内的各类资源）。分析可能会出现的问题，提前做好应对准备，做好安全保障。

8. 偶发或意外事件处理

学生生病或意外伤害。学生生病或发生意外时，在随队医生及时诊断处理后，由所在班级带队老师陪同前往医院就医，研学旅行指导师不脱离研学团队。

证件遗失。发生学生证件遗失事件，先根据可能丢失的时间段、地点寻找。如果找不到，研学旅行指导师负责协助学生办理临时身份证明。

重大突发事件。发生重大突发性事件，项目组长与学校代表商议，视情况迅速决定是否启动应急预案。如符合启动条件，立即启动应急预案，并指挥研学旅行指导师、带队老师、安全员、队医等师资团队成员按照预案中的工作流程和应对措施迅速反应，确保师生安全，将损失降到最低限度。

【思政园地】

研学旅行课程的行中实施需要主办方、承办方、供应方等多方配合才能完成。研学旅行指导师除了具备专业知识和技能，还需具有合作精神和协调能力。

2.3　任务实施

【工作流程】

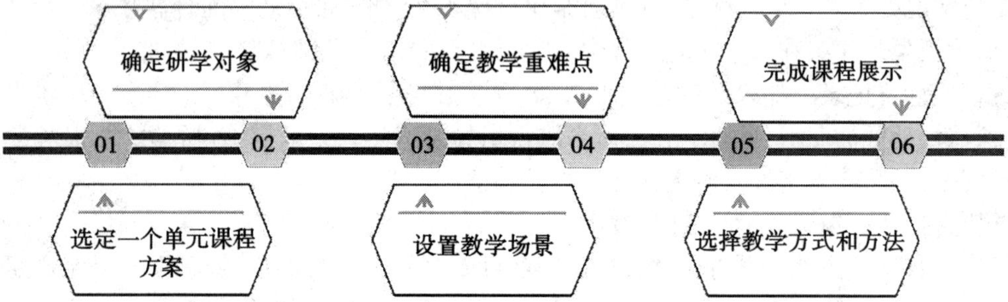

【工作要点】

研学旅行课程教学展示是对真实课程教学过程的模拟再现。因此，课程展示需要体现研学旅行指导师的基本教学素养，能进行安全教育，能展示单元课程的教学内容并突出重难点，教学方法得当，有评价激励手段。

【任务实施】

完成 5 min 研学旅行单元课程教学展示，展示文稿可打印后粘贴在此处。

粘贴处

2.4 能力提升

【知识自测】

一、判断题

1. 研学旅行的开营仪式只能在学校举行。(　　)

2. 抵达入住酒店后，学生应跟随研学旅行指导师下车前往酒店前台办理入住手续。(　　)

二、单选题

1. 研学旅行指导师的行中工作内容不包括(　　)。

A. 行前动员　　B. 行前落实

C. 住宿管理　　D. 教学管理

2. 举行开营仪式的意义不包括(　　)。

A. 明确目标，激发热情　　B. 培养团队精神

C. 收集信息　　D. 增强纪律意识

三、多选题

1. 研学旅行指导师开展教学的基本原则包括(　　)。

A. 安全第一原则　　B. 体验探究原则　　C. 系统整体原则

D. 趣味新奇原则　　E. 统筹协调原则

【能力自测】

在一次研学旅行课程的开展途中，几名学生发生矛盾，在争执中发生打群架事件，研学旅行指导师应如何处理？

____

____

____

【学习小结】

学习要点	
执行任务遇到的困难	
解决的办法	

任务 3　研学旅行课程行后总评

3.1　任务描述

【任务内容】

根据所学知识，为自己在项目 3 完成的研学旅行课程方案设计一份成果展示策划方案。

【完成方式】

个人。

【成果形式】

文本。

码 5-8　研学旅行课程行后总评

3.2　知识储备

研学旅行课程行中实施结束后，并不意味着研学旅行课程的结束。在行后总评阶段，主办方和承办方需要继续配合，完成行后课程的组织与实施。在这一阶段，研学旅行指导师的工作主要包括制定行后课程实施方案、协助完成成果展示、完成研学总评、提供延伸服务、评价参与方、进行总结反思等。

【知识点 1】制定行后课程实施方案

主办方组织工作会议，承办方出席，双方根据课程实施情况和学生的学习状况，制定行后课程实施方案，以此确定行后课程内容、实施形式、实施平台及组织方式。研学旅行行后课程以成果展示汇报和对学生的综合评价为主要内容，目的在于通过汇总学生在本次研学旅行课程中的学习成果，系统梳理研学旅行的学习过程，评估是否完成教学目标，帮助教师改进教学，促进学生综合素质的提升。行后课程实施形式多样，实施平台可以选择线下展示，也可以选择线上社交平台。

【知识点 2】成果展示

1. 指导学生汇总学习成果

在行后阶段，研学旅行指导师要指导学生汇总各类学习成果，并在研学旅行课程结束后一周内完成成果展示。根据课程方案和研学旅行课程手册中的研学任务，在行后课程实施中指导学生汇总完成相应的成果内容。根据表现形式，外显性成果主要有文本类、口头表达类、影像图片类及实践创作类成果等（详见项目 3 任务 7）。文本类成果的要求会随着学生学段不同而有所区别：针对高中生，研学旅行指导师主要从研究报告的规范性、科学性、逻辑性进行写作指导，初中学段的研究报告以课程总结为主。小学学段可以选择作文、游记等形式完成。口头表达类成果可以是主题演讲、辩论赛、节目表演、口头汇报、知识竞赛等，指导师围绕汇报主题对学生在资料梳理、观点表达方面进行指导。影像图片类成果，研学旅行指导师除在研学过程中指导学生选择标志性景观或信息拍照外，在行后阶段，指导学生根据主题编辑处理照片、视频等影像图片资料，选出代表性成果准备参展。对于实践创作类成果，研学旅行指导师帮助学生筛选代表性成果后，指导学生配备相应的文字说明。总之，不同学段、不同学校、不同学生可以围绕课程主题，根据自身情况，选择自己最具代表性的成果参与展示。

2. 与学校商定成果展示的内容方式

研学旅行指导师围绕课程主题与目标，根据学生研学成果的类型，帮助学校分类设置展示项目，确定展示内容和方式。展示方式可以通过线下传统的展板、展台、展厅进行，也可以通过微信公众号、社交平台等新媒体渠道进行，目的在于扩大宣传范围和参与度。

3. 协助学校完成成果展示汇报

研学旅行课程的成果展示，由校方在学校组织完成，研学旅行指导师协助校方老师完成展示类成果布展，提供研学途中与学生研学成果相关的资料，参与设计成果评价用表。汇报结束后，根据成果评审结果和研学旅行中学生的过程性评价结果，评选出研学旅行优秀学生。

【知识点3】研学总评

根据教育部《中小学综合实践活动课程指导纲要》，课程评价主张多元评价和综合考察。研学旅行评价贯穿于研学旅行课程实施的全过程。行后课程总评以促进学生发展为导向，强调学习评价的动态性、多元性和开放性，突出评价对学生的发展价值，将学生在综合实践活动中的各种表现和活动成果作为分析考察课程实施与学生发展情况的重要依据，对学生的活动过程和结果进行综合评价（详见项目3任务7）。

在学生各类学习成果展示结束后，研学旅行指导师应紧扣课程目标，基于整个研学旅行课程的实施状况，以及学生在行前、行中、行后三个阶段的学习表现和学习成果，做出综合评价。此外，学生本人、学习小组成员、学生家长、带队老师等均可参与对学生的综合评价。评价主体的多元性、评价方式的动态性和开放性，有利于对学生做出更加准确、客观、公正的评价。之后，主办方根据有关规定，将学生的学习成果和评价结果进行认定，给予对应学分。

【知识点4】延伸服务

研学旅行课程结束后，研学旅行指导师要配合做好其他相应的延伸服务。

1. 善后服务

认真处理研学旅行课程开展中的遗留问题，按照与学校签订的协议办理学校、老师的委托待办事宜。如遇特殊要求，须请示项目组长后根据指示办理。提交研学旅行指导师工作日志，归还单位借出的教学物资。整理票据，尽快在财务部门结清本次研学旅行的账目。

如在本次研学旅行课程实施过程中，发生过重大事故，要如实完成事故报告，和佐证资料一并提交至单位存档。

2. 课程宣传

总结本次研学旅行课程方案设计及课程实施中的优点与不足，及时修改完善并优化课程。与校方积极沟通，做好优化后的课程宣传，为双方下一次的合作奠定基础。

【知识点5】评价参与方

研学旅行课程结束后，主办方对承办方做出评价，承办方对供应方的工作情况做出评价。主办方对承办方的评价，主要从履行合同内容、课程实施能力、研学旅行管理服务三方面进行。承办方对供应方的评价，主要围绕各供应方，如车队、餐厅、酒店、地接社、景区景点、博物馆展馆、基（营）地等提供的服务质量展开（评价指标详见项目3任务7）。如果在研学旅行课程开展过程中发生了突发性事件,且险情在保险合同范围内,承办方也要对保险公司在理赔过程中的反应效率和处理方式做出评价。评价结果既是评估对方是否完全履约的参考条件,也为下一次的合作提供决策依据。

【知识点6】总结反思

1. 分析总结研学旅行课程方案

在研学旅行课程的行后总评阶段,研学旅行指导师已完成教学任务,首先通过总结回顾本次研学旅行课程的知识与技能方面的内化性成果,可以检验研学旅行课程目标的实现程度;其次,通过总结梳理,有利于整体提升研学旅行指导师的综合素质;第三,也有利于帮助学生进一步巩固解决问题所需的知识与技能。

对研学旅行课程方案的总结,主要围绕课程目标、课程内容、课程实施、课程评价以及安全保障等环节展开。对照课程方案设计的流程,分析每一个工作环节的落实情况,查找课程设计的优点与不足,并对课程方案中的问题进行修订。在此基础上,总结经验,修订研学旅行课程设计的路径与方法,为下一次研学旅行课程的设计与开发做足准备工作。

2. 总结研学旅行课程实施过程

针对课程实施过程中发现的问题,结合主办方的课程评价结果,研学旅行指导师对课程实施中的行程安排、各供应商提供的服务质量、与主办方的沟通效率、课程实施中教学方式方法的合理性、是否解决了课程教学中遇到的问题、研学团队成员履行教学与学生管理职责的情况、评价指标的合理性和科学性、应急处理的能力等方面进行总结反思,从而更有针对性地对课程实施环节进行优化,并在对研学旅行指导师培训时强化相关内容。

3. 研学旅行课程教学反思

研学旅行课程总结是对课程方案和教学实施过程的归纳与总结,教学反思则是对研学旅行教学过程的再认识与再思考,是一种提高研学旅行指导师个人业务水平的有效手段。一般而言,研学旅行课程教学反思主要针对以下三个方面:

(1)教学目标的有效达成度。研学旅行课程教学的教育目标是落实立德树人根本任务,在进行教学反思时,要考虑教学目标是否体现了课程目标的要求,教学效果是否达到了预期目标。

(2)教学内容的科学性。研学旅行指导师在反思时,要考虑教学内容的设计是否符合教育教学规律、是否符合研学旅行基本规律、是否符合学生的认知发展规律。

(3)学生的收获。学生的学习效果是否达到预设课程目标,在研学旅行课程开展中,学生是否主动进行研究性学习,哪些课程内容是学习难点,在知识、技能、情感价值观方面是否有所收获和成长等。

【思政园地】

在研学旅行课程行后阶段,研学旅行指导师需要梳理并汇总成果,综合评价学生,分析查找问题,总结反思教学,优化提升课程,为下一次课程的开展做好准备。要做到“善始善终、善作善成,防止虎头蛇尾”。

3.3 任务实施

【工作流程】

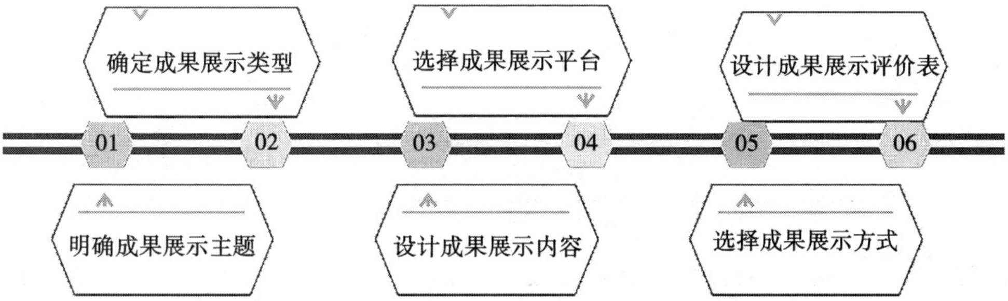

【工作要点】

研学旅行课程成果展示是行后课程方案的核心内容之一，在设计成果展示策划方案时，成果内容必须反映成果展示主题，成果类型能够体现研学旅行课程内容的特点，成果展示平台、展示形式以及评价表由成果的内容和类型特点决定。

【任务实施】

______________________研学旅行课程成果展示策划方案

成果展示主题

成果类型

文本类□	口头表达类□	影像图片类□	实践创作类□

成果展示内容概述

成果展示平台

线上展示平台： 线下展出地点： 展示必备用品：

成果展示形式

成果展示评价用表

序号	评价指标	分值	评价要素

3.4 能力提升

【知识自测】

一、判断题

1. 研学旅行课程行中实施结束后,意味着研学旅行课程也结束了。(　　)

2. 研学旅行课程的成果展示,由校方在学校组织完成。(　　)

二、单选题

1. 行后课程实施方案,主要包括课程内容、实施形式、(　　)以及组织方式。

A. 实施平台　　B. 善后服务

C. 课程总结　　D. 教学反思

2. 研学旅行课程教学反思不包括(　　)。

A. 教学目标的有效达成度　　B. 供应商提供的服务质量

C. 教学内容的科学性　　D. 学生的收获

三、多选题

1. 在研学旅行课程行后总评阶段,研学旅行指导师的工作除制定行后课程实施方案外,还包括(　　)。

A. 成果展示　　B. 研学总评　　C. 延伸服务

D. 评价供应方　　E. 总结反思

【能力自测】

学生在研学旅行中受伤,责任该由谁来承担?

某中学与某旅行社签订了研学旅行合同。合同约定:研学期间,旅行社负责提供交通、餐饮、门票等服务,负责制定完整的安全预案,负责整个研学过程中的安全教育和管理工作。

学生朱某参加了此次研学旅行,在景区及旅行社工作人员的带领下,游览了某森林公园。下山途中,带队的旅行社工作人员未能控制好团队行进速度,也未对学生尽到安全告知、警示等义务,导致朱某在赶路过程中,不慎踩空台阶摔伤。旅行社工作人员对其进行了紧急治疗,并于当日下午将其送至医院治疗。经诊断,朱某为脾破裂、右外踝撕脱骨折。朱某将学校、旅行社及景区起诉至法院,要求三方共同承担赔偿责任。

学校负责人认为,学校仅为组织方且委托了有资质的旅行社承接此次研学旅行,在本案不存在任何过错,故不应承担责任。

旅行社工作人员认为,作为承接方,旅行社委派的导游、选择的景区都有国家承认的相关资质。事故发生后,旅行社工作人员及时对朱某进行了救助,尽到了安全保障义务,故不应承担责任。

景区负责人认为,在本案中,景区尽到了安全保障义务,朱某受伤为自身原因所致,应自行承担责任。

请结合所学知识,分析在该事故中,谁应承担责任。

(案例来源:晋城旅游质监微信公众号)

【学习小结】

学习要点	
执行任务遇到的困难	
解决的办法	

【项目评价】

请按照评价类别,分别在下表对应的等级下打“√”。

评价类别	评价项目	评价指标	A	B	C	D
自我评价	学习态度	能认真听讲,积极参与课堂讨论,按时完成学习任务				
	合作能力	能积极参与小组学习,与小组成员团结协作,共同完成任务				
	任务完成	1. 能借助网络搜索引擎,完成资料的搜集整理				
		2. 能够与他人配合实施研学旅行课程方案				
		3. 能够解决研学旅行课程实施中出现的问题				

续表

评价类别	评价项目	评价指标	A	B	C	D
小组评价	合作态度	能积极参与小组合作学习,能互相尊重,能倾听别人的意见				
	团队意识	能互帮互助,共同学习,有团队合作意识				
	团队协作	有明确的分工,能共同制订计划,互相配合完成任务				
教师评价	道德品质	对老师有礼貌,能关心帮助同学,正直守信,集体荣誉感强				
	自我管理	能遵守课堂纪律,按时出勤,无迟到早退现象,能约束自己的言行				
	学习态度	能认真听课,学习目标明确,学习态度主动,能按时完成学习任务				
	课堂表现	求知欲强,勤学好问,能有条理地表达自己的观点和意见				
	创新意识	能积极思考,善于发现问题、分析问题,并提出解决方法				
	合作能力	能积极参与小组活动,能为实现集体目标付出努力,能与他人合作共同完成任务,能共享资源和成果				
	实践能力	具备收集、处理信息和获取新知识的能力;思维活跃,敢于探索,善于积累;有一定应变能力和自主学习能力				

注:评价等级 A 为优秀;B 为良好;C 为一般;D 为以上三点均不符合,需努力。

【项目自测】

项目 5　知识自测

附 录

附录1 知识自测部分参考答案

项目1(任务1~3)

一、判断题

1. × 2. × 1. × 2. √ 1. × 2. √

二、单选题

1. D 2. C 1. B 2. D 1. B 2. D

三、多选题

1. BCDE 2. BCE 1. BCE 1. BCE

项目2(任务1~3)

一、判断题

1. × 2. √ 1. × 2. √ 1. × 2. √

二、单选题

1. A 2. C 1. C 2. B 1. D 2. A

三、多选题

1. ABCDE 1. ABCDE 1. BC

项目3(任务1~8)

一、判断题

1. √ 2. × 1. √ 2. √ 1. × 2. × 1. √ 2. × 1. √ 2. ×

1. × 2. × 1. √ 2. × 1. √ 2. ×

二、单选题

1. B 2. D 1. D 2. C 1. B 2. A 1. C 2. D 1. B 2. A

1. D 2. C 1. A 2. D 1. C 2. A

三、多选题

1. ABCDE 1. ABCDE 1. ACD 1. ABDE 1. ACDE 1. ACE 1. ABC 1. ABCDE

项目4(任务1~5)

一、判断题

1. √ 2. × 1. √ 2. × 1. × 2. × 1. × 2. √ 1. × 2. √

二、单选题

1. D 2. C 1. A 2. C 1. A 2. B 1. C 2. A 1. A 2. B

三、多选题

1. ABCDE　　1. ABDE　　1. ABD　　1. ABD　　1. ABCDE

项目 5(任务 1~3)

一、判断题

1. ×　　2. √　　1. ×　　2. ×　　1. ×　　2. √

二、单选题

1. A　　2. D　　1. A　　2. C　　1. A　　2. B

三、多选题

1. ABCD　　1. ABDE　　1. ABCDE

附录 2　研学旅行课程方案设计样例

【研学主题】 赏天坛之美 品文化古韵 研巧手匠心

【研学背景】

中国自古被誉为“礼仪之邦”,“礼”在中国传统文化中占有极其重要的地位。天坛是中国现存最大的古代祭天建筑群,集中国古代哲学思想、礼仪规制、建筑艺术之大成。祈年殿将中华民族几千年的文化精髓集于一体,完美体现了玄奥高超的建筑艺术与礼制观念,令人叹为观止。圜丘坛体现了古代中国对天地的深刻理解和对自然规律的精确计算。圜丘坛的天心石、皇穹宇的回音壁和三音石传递了奇妙的声学现象。通过设计天坛研学产品,促进学生对历史文化的关注和对中华文明的理解认知,形成基于历史文化价值的文化身份认同,激发民族自豪感。

【课程对象】 北京××中学初中二年级学生

【关联学科】 语文、数学、历史、物理、地理、美术、音乐

【研学时间】 两天一晚　　【适宜季节】 全年

【研学地点】 北京天坛　　【研学人数】 200 人

【课程类型】 优秀传统文化类　　【总课时】 16 学时

【研学亮点】

1. 沉浸式文化体验

以行走的课堂形式,身临其境感受中国古代祭天建筑群的高超建筑技艺,通过虚拟现实技术了解古代皇帝祭天的传统礼仪,学习古代四季的农时立法制度、礼制礼仪中的数字语言。在实践中学习书本上的知识,提高学生的综合能力和学习兴趣。

2. 项目化研学课程

引导学生通过探究和调查的方式来获得历史建筑知识和技能,解密天坛声学和数学奥秘,培养学生的团队协作能力和探究精神。

【研学目标】

1. 知识与能力目标

通过参观北京天坛,从架构、力学和美学等角度加深学生对中国古建筑知识、礼制文化内涵及古代科技的了解。

2. 过程与方法目标

通过实地考察、小组讨论、集体动手及一系列的研学实践活动,学习古代四季的农时立法制度,解读天坛建筑群里的声学现象,探究声学原理和数学奥秘,熟悉中国古建筑的奇妙构件,培养团队意识和合作精神,共同完成小组研学任务。

3. 情感态度价值观

通过感受古建筑文化的魅力和领悟建筑美学思想,了解中国古代木架构建筑的艺术价值。通过体验中国传统祭天文化和礼仪,体会古人对生命的尊重和对自然和谐的追求;提升文化认同感和文化自信,传承工匠精神。

【师资配置】

1∶1∶20。

【教学团队】

学校代表、带队老师、项目组长、研学旅行指导师、导游、安全员、随队医生。

【研学方式】

考察探究、设计制作、艺术审美。

【研学方法】

小组合作法、直接讲授法、参观访问法、任务驱动法、情景体验法、自主学习法。

【安全隐患】

(1)在手工 DIY 拼插祈年殿模型过程中,要注意安全,避免拆装零件时受伤。

(2)在分散探究活动时,要注意清点学生人数,以防走失。

【研学活动流程】

阶段	行前准备			
日期	时间段	地点	课程内容	关键任务
行前一天	8:00—10:00	学校	1. 组建研学小组,选定组长; 2. 发放研学手册; 3. 开展行前安全教育; 4. 举行旅行知识讲座; 5. 举行北京天坛文化知识讲座; 6. 布置行前任务	1. 整理本次研学活动所需学习物品和生活用品清单; 2. 做好笔记,记录本次研学活动的游览景点文化知识
	10:00—11:40	学校	1. 通过纪录片、图书资料、天坛公园官方网站、微信公众号、请教老师和家长等途径,查阅并收集与天坛相关的资料; 2. 优先查找祈年殿、圜丘坛、回音壁的资料	1. 了解天坛代表性建筑的历史背景、作用、建筑风格特点及艺术价值; 2. 思考有哪些科技元素和古人的智慧蕴含在天坛建筑之中
	14:30—17:30	学校	1. 通过查阅资料、请教老师或家长,结合小组兴趣点,选定天坛文创产品类型; 2. 根据所要开发的文创产品的类型,明确小组分工	初步构思"天坛文创产品"设计图

阶段	行中课程			
日期	时间段	地点	课程内容	关键任务
D1	7:30—8:00	学校	举办开营仪式,让学生理解本次研学旅行活动的价值	明确活动纪律和研学任务
	8:00—9:00	旅游车	1. 统一坐车前往天坛公园,途中,研学旅行指导师组织大家重温语文课文《天坛公园》; 2. 检查行前任务的完成情况; 3. 组织带齐研学所需学习资料,在天坛西门有序下车	集体讨论: 1. 古人为什么选择在冬至日祭天? 2. 除了祭天,皇帝在天坛还要参加哪些重大典礼? 3. 天坛公园的三大声学奇迹是什么? 4. 天坛建筑艺术的代表建筑是哪一个
	9:00—10:00	双环万寿亭建筑群	参观双环万寿亭、方胜亭、扇面亭、百花亭等亭式建筑群,感受中国古代建筑的历史和文化价值,欣赏中国古代木工艺术之美	1. 学习双环万寿亭的屋顶样式、琉璃瓦颜色及其代表的等级; 2. 分析双环万寿亭的造型寓意; 3. 寻找双环万寿亭的两个"唯一"
	10:00—11:00	斋宫	这里被称为天坛里的"小皇宫",通过探访这座明清两代皇帝在举行祭天大典前洗心涤虑的礼敬之所,了解中国古代祭祀斋戒建筑文化的内涵	在斋宫建筑群中,古人怎样通过建筑构件、结构方式、建筑布局等来体现"敬天"思想
	11:00—12:00	神乐署	神乐署是天坛建筑之一,位于天坛西外坛,为明清时期演习祭祀礼乐的场所,被誉为明清两朝最高的礼乐学府。通过观看音乐表演、欣赏古代的韶乐、敲打编钟等活动,让学生近距离地感受中国古代灿烂的音乐历史文化	1. 了解中和韶乐的历史渊源和中国古代乐器的文化; 2. 辨认各朝代乐器及舞蹈服饰
	12:00—13:00	天坛福宴	集体午餐,10人一桌	午餐后,以小组为单位,汇总上午收集到的天坛文创元素

日期	时间段	地点	课程内容	关键任务
D1	13:00—15:00	圜丘坛	1. 为学生讲解圜丘坛中的圆及其代表的文化内涵和自然规律; 2. 组织学生动手实践,探究圜丘坛天心石的声学现象; 3. 参观皇帝祭拜天神的祭台圜丘坛,了解古人祭天的全部流程	1. 小组讨论圜丘坛圆的建筑特征和象征意义; 2. 至少选择 3 个不同的点,测量天心石到围栏的距离,总结测量长度,发现数学规律; 3. 通过虚拟现实技术,体验历史上的祭天仪式,了解当时的礼仪制度和文化习俗
	15:00—16:00	回音壁	参观皇穹宇的砖质围墙回音壁,体验古人"打电话"的效果,感悟奇妙的声学景观	1. 两人一组,选择回音壁墙内距离较远的任意两点,贴着墙说话,完成声学试验; 2. 画出声音沿着回音壁传播的路径图
	16:00—18:00	皇穹宇	1. 了解皇穹宇的格局,欣赏金龙藻井,体会天坛建筑中无处不在的"天圆地方"及其象征意义; 2. 参观皇穹宇的台阶下第三块石头,探究三音石的发声原理	1. 探究皇穹宇九环扇形石以及数字 8 代表的文化内涵; 2. 总结天坛三大声学现象及其背后反映的声学原理,探究建筑与声学是如何绝妙结合的; 3. 完成天坛声学奇迹手抄报
	18:00—19:00	晚餐	集体晚餐,小组总结	晚餐后,以小组为单位,梳理第一天收集到的天坛文创元素
	19:00—20:30	天坛公园北部	1. 欣赏以祈年殿为代表的古代建筑灯光秀,感悟中国古代建筑美学思想; 2. 观察天坛公园气象站,听研学旅行指导师科普人与星空的故事,解读星空的奥秘	1. 拍摄天坛祈年殿屋顶的照片和短视频素材; 2. 了解天文历法和观测仪器等方面的知识; 3. 通过星空观测,寻找自己的星座,感受夜空的美

日期	时间段	地点	课程内容	关键任务
D1	20:30~22:00	酒店	返回酒店,总结今日研学课程内容,洗漱休息	完成研学日记
D2	7:00—8:00	酒店	生活教育,物品整理	起床、洗漱、整理好行李,集体早餐
	8:00—8:30	旅游车	统一坐车前往天坛公园,途中进行天坛公园祈年殿研学背景知识介绍,以及乘车安全教育	围绕天坛文创元素和印象天坛照片视频素材的收集任务的完成进度,组长完成今日分工
	8:30—9:00	七星石	观赏七星石,讲解八块石头为什么代表“北斗七星”	1. 探究七星石的功能和名字由来; 2. 讨论第八块石头的寓意
	9:00—12:00	祈年殿	1. 祈年殿是明清两代皇帝孟春祈谷之所,通过参观祈年殿,了解古代皇帝祭天的传统礼仪,探究祈谷祭天仪式背后的天文历法与农耕文明“天人合一”的精神; 2. 通过欣赏祈年殿的结构,了解中国古代木架构建筑斗拱的价值与功能; 3. 通过观察祈年殿的建筑外观,感受天坛设计理念中的美学思想与礼制观念	1. 探讨并归纳祈年殿建筑结构及殿内立柱对应的二十四节气、年月时辰是如何体现“通天”思想、呈现“敬天礼神”观念的; 2. 小组完成祈年殿模型拼装比赛,获胜组赢得奖品; 3. 实践操作后,分析总结祈年殿的文化象征意义; 4. 根据记忆为祈年殿的无色图片涂上颜色
	12:00—13:00	天坛旻园御膳饭庄	集体午餐,10 人一桌	组内研学体会交流
	13:00—14:00	皇乾殿	参观皇乾殿,了解皇乾殿的功能,学习中国古代建筑基本构件的相关知识,如台基、屋顶、面阔、进深等	皇乾殿屋顶的琉璃瓦为何为天青色,它和故宫的黄色琉璃瓦相比谁的等级更高?这其中体现了哪些礼制思想?

日期	时间段	地点	课程内容	关键任务
D2	14:00—16:00	天坛公园	1. 分组整理完善本次研学活动的成果; 2. 举行闭营仪式,组长进行总结性汇报发言	1. 完成印象天坛短视频剪辑; 2. 整理成果,总结反思
	16:00—17:00	返程	乘车返回学校,家长在学校指定地点接学生	途中分享本次研学旅行活动中的收获
阶段	行后拓展			
日期	时间段	地点	课程内容	关键任务
行后	课余时间	学校	结合本次研学旅行活动,通过请教老师、家长,完善本组天坛文创产品设计图	小组完善天坛文创产品设计图
	课余时间	学校	按照本次研学旅行活动的个人经历,画出参观游览的路线图,并标明方位顺序	个人画出参观游览路线图,并用方位词描述行走路线

【课程实施】

研学前

★课前准备,设置任务

一、组建研学小组

每个班为一个研学团,研学团下设 10 个组,每组 5 人。要求人人有岗位,个个有职责。提前让学生自行分工组合,选出组长。

二、告知课程目标

研学旅行指导师配合带队老师告知学生本次研学旅行课程的目标,发放北京天坛研学旅行学生手册。

三、开设行前课程

(1)研学旅行指导师配合带队老师进行安全教育。

(2)研学旅行指导师为学生开设旅行知识、北京天坛文化知识等行前课程。

四、布置研学任务

(1)通过纪录片、图书资料、天坛公园官方网站、微信公众号、请教老师和家长等途径,查阅并收集与天坛相关的资料。优先查找祈年殿、圜丘坛、回音壁的资料。

(2)了解天坛代表性建筑的历史背景、作用、建筑风格特点及艺术价值。

(3)思考有哪些科技元素和古人的智慧蕴含在天坛建筑之中。

(4)通过查阅资料、请教老师或家长,结合小组兴趣点,选定天坛文创产品类型。明确小组分工,初步构思"天坛文创产品"设计图。

(5)对照清单,整理本次研学活动所需学习物品和生活用品。

研学中

★课程导入,提出问题

一、开营仪式

学校举行开营仪式,让学生理解本次研学旅行活动的价值,严肃活动纪律。

二、课程导入

途中在旅游大巴车上,研学旅行指导师组织大家重温语文课文《天坛公园》(见附图 2-1)。检查行前任务的完成情况。

附图 2-1 天坛公园

三、提出问题

(1)古人为什么选择在冬至日祭天?

(2)除了祭天,皇帝在天坛还要参加哪些重大典礼?

(3)天坛公园的三大声学奇迹是什么?

(4)天坛建筑艺术的代表建筑是哪一个?

★开展新课，解决问题

教学实施要求：

(1)始终围绕“赏古建之美 品文化古韵 研巧手匠心”这一主题，紧扣优秀传统文化类研学旅行课程目标开展本次研学旅行教学。

(2)始终分组开展活动。

(3)确保全员参加，亲自体验。

(4)发挥团员、少先队员、班干部的带头作用。

(5)运用恰当的方式方法。

(6)研学评价贯穿全过程。

单元课程一：双环万寿亭中的两个“唯一”

(1)时间：1 小时。

(2)地点：双环万寿亭建筑群。

(3)方式：考察探究、艺术审美。

(4)方法：小组合作法、直接讲授法、参观访问法。

(5)负责人：研学旅行指导师、带队老师、安全员。

(6)主要内容：通过参观双环万寿亭(见附图 2-2)、方胜亭、扇面亭、百花亭等亭式建筑群，感受中国古代建筑的历史和文化价值，欣赏中国古代木工艺术之美。

附图 2-2　双环万寿亭

(7)研学任务：①学习双环万寿亭的屋顶样式、琉璃瓦颜色及其代表的等级；②分析双环万寿亭的造型寓意；③寻找双环万寿亭的两个“唯一”。

单元课程二：天坛里的“小皇宫”

(1)时间：1 小时。

(2)地点：斋宫。

(3)方式：考察探究、艺术审美。

(4)方法：小组合作法、直接讲授法、参观访问法。

(5)负责人：研学旅行指导师、带队老师、安全员。

(6)主要内容：这里被称为天坛里的“小皇宫”(见附图 2-3)，通过探访这座明清两代皇帝在举行祭天大典前洗心涤虑的礼敬之所，了解中国古代祭祀斋戒建筑文化的内涵。

附图 2-3　天坛里的“小皇宫”

(7)研学任务：斋宫建筑群中，古人怎样通过建筑构件、结构方式、建筑布局等来体现“敬天”思想？

单元课程三：源远流长的礼乐文化

(1)时间：1 小时。

(2)地点：神乐署。

(3)方式：考察探究、艺术审美。

(4)方法：小组合作法、直接讲授法、参观访问法、情景体验法。

(5)负责人：研学旅行指导师、带队老师、安全员。

(6)主要内容：神乐署(见附图 2-4)是天坛建筑之一，位于天坛西外坛，为明清时期演习祭祀礼乐的场所，被誉为明清两代最高的礼乐学府。通过观看音乐表演、欣赏古代的韶乐、敲打编钟等活动，让学生近距离地感受中国古代灿烂的音乐历史文化。

附图 2-4　神乐署

（7）研学任务：①了解中和韶乐的历史渊源和中国古代乐器的文化；②辨认各朝代乐器及舞蹈服饰。

单元课程四：神秘的圆

（1）时间：2 小时。

（2）地点：圜丘坛。

（3）方式：考察探究、艺术审美。

（4）方法：小组合作法、直接讲授法、参观访问法、情景体验法、任务驱动法、自主学习法。

（5）负责人：研学旅行指导师、带队老师、安全员。

（6）主要内容：①为学生讲解圜丘坛中的圆及其代表的文化内涵和自然规律；②组织学生动手实践，探究圜丘坛天心石的声学现象；③参观皇帝祭拜天神的祭台圜丘，了解古人祭天的全部流程。圜丘坛如附图 2-5 所示。

附图 2-5　圜丘坛

（7）研学任务：①小组讨论圜丘坛圆的建筑特征和象征意义；②至少选择 3 个不同的点，测量天心石到围栏的距离，总结测量长度，发现数学规律；③通过虚拟现实技术，体验历史上的祭天仪式，了解当时的礼仪制度和文化习俗。

单元课程五：回音壁的声学景观

（1）时间：1 小时。

（2）地点：回音壁。

（3）方式：考察探究、艺术审美。

（4）方法：小组合作法、直接讲授法、参观访问法、情景体验法、任务驱动法、自主学习法。

（5）负责人：研学旅行指导师、带队老师、安全员。

（6）主要内容：参观皇穹宇的砖质围墙回音壁（见附图 2-6），体验古人打电话的效果，感悟奇妙的声学景观。

附图 2-6　回音壁

(7)研学任务:①两人一组,选择回音壁墙内距离较远的任意两点,贴着墙说话,完成声学试验;②画出声音沿着回音壁传播的路径。

单元课程六:三音石的声学原理

(1)时间:2 小时。

(2)地点:皇穹宇。

(3)方式:考察探究、艺术审美。

(4)方法:小组合作法、直接讲授法、参观访问法、情景体验法、任务驱动法、自主学习法。

(5)负责人:研学旅行指导师、带队老师、安全员。

(6)主要内容:①了解皇穹宇的格局,欣赏金龙藻井,体会天坛建筑中无处不在的“天圆地方”及其象征意义;②参观皇穹宇的台阶下第三块石头,探究三音石(见附图 2-7)的发声原理。

附图 2-7　三音石

(7)研学任务:①探究皇穹宇九环扇形石及数字8代表的文化内涵;②总结天坛三大声学现象及其背后反映的声学原理,探究建筑与声学是如何绝妙结合的;③完成天坛声学奇迹手抄报。

单元课程七:夜空中最亮的星

(1)时间:1.5小时。

(2)地点:天坛公园北部。

(3)方式:考察探究、艺术审美。

(4)方法:小组合作法、直接讲授法、参观访问法、任务驱动法、自主学习法。

(5)负责人:研学旅行指导师、带队老师、安全员。

(6)主要内容:①欣赏以祈年殿为代表的古建灯光秀,感悟中国古代建筑美学思想;②观察天坛公园气象站,听研学旅行指导师科普人与星空的故事,解读星空的奥秘。天坛祈年殿如附图2-8所示。

附图2-8　天坛祈年殿

(7)研学任务:①拍摄天坛祈年殿屋顶的照片和短视频素材;②了解天文历法和观测仪器等方面的知识;③通过星空观测,寻找自己的星座,感受夜空的美。

单元课程八:八块七星石与北斗七星

(1)时间:0.5小时。

(2)地点:天坛公园七星石。

(3)方式:考察探究、艺术审美。

(4)方法:小组合作法、直接讲授法、参观访问法、任务驱动法、自主学习法。

(5)负责人:研学旅行指导师、带队老师、安全员。

(6)主要内容:观赏七星石(见附图2-9),为学生讲解八块石头为什么代表"北斗七星"。

(7)研学任务:①探究七星石的功能和名字由来;②讨论第八块石头的寓意。

单元课程九:祈年殿屹立不倒的秘密

(1)时间:3小时。

(2)地点:祈年殿。

(3)方式:考察探究、艺术审美、设计制作。

附图 2-9　七星石

(4)方法:小组合作法、直接讲授法、参观访问法、任务驱动法、自主学习法。

(5)负责人:研学旅行指导师、带队老师、安全员。

(6)主要内容:①祈年殿是明清两代皇帝孟春祈谷之所。通过参观祈年殿,了解古代皇帝祭天的传统礼仪,探究祈谷祭天仪式背后的天文历法与农耕文明"天人合一"的精神;②通过欣赏祈年殿的结构,了解中国古代木架构建筑斗拱的价值与功能;③通过观察祈年殿的建筑外观,感受天坛设计理念中的美学思想与礼制观念。祈年殿如附图 2-10 所示。

附图 2-10　祈年殿

(7)研学任务:①探讨并归纳祈年殿建筑结构及殿内立柱对应的二十四节气、年月时辰如何体现"通天"思想,呈现"敬天礼神"观念;②小组完成祈年殿模型拼装比赛,获胜组赢得奖品;③实践操作后,分析总结祈年殿的文化象征意义;④根据记忆为祈年殿的无色图片涂上颜色。

单元课程十:天库的功能与等级

(1)时间:1 小时。

(2)地点:皇乾殿。

(3)方式:考察探究、艺术审美。

(4)方法:小组合作法、直接讲授法、参观访问法、任务驱动法、自主学习法。

(5)负责人:研学旅行指导师、带队老师、安全员。

(6)主要内容:参观皇乾殿,了解皇乾殿的功能,学习中国古代建筑基本构件的相关知识,如台基、屋顶、面阔、进深等。皇乾殿如附图 2-11 所示。

附图 2-11　皇乾殿

(7)研学任务:皇乾殿屋顶的琉璃瓦为何为天青色,它和故宫的黄色琉璃瓦相比谁的等级更高一等?这其中体现了哪些礼制思想?

★整理成果,总结点评

一、整理成果

(1)分组整理完善本次研学活动的成果,如祈年殿模型、天坛声学奇迹手抄报、声音沿着回音壁传播的路径图等。

(2)完成印象天坛短视频剪辑。

二、总结点评

(1)举行闭营仪式,组长进行总结性汇报发言。

(2)同学们互相点评,研学旅行指导师总结。

(3)乘车返回学校,途中分享本次研学旅行活动中的收获。

研学后

★拓展提升,研学评价

一、行后拓展

(1)结合本次研学旅行活动,通过请教老师、家长,完善本组天坛文创产品设计图。

(2)按照本次研学旅行活动的个人经历,画出参观游览的路线图,标明方位顺序,并用方位词描述行走路线。

二、研学评价

1. 评价内容

学习态度、合作精神、探究能力、社会实践能力、人际交往能力、信息收集能力、创新能力、设计与操作能力、学习能力。

2. 评价主体

学生本人、小组成员、研学旅行指导师、带队老师。

3. 激励提升

开办研学成果展示报告会。以研学团(班级)为单位,评选出最佳"印象天坛"短视频、最受欢迎天坛文创产品设计图、最美的祈年殿色彩、优秀声学奇迹手抄报,为优秀学习小组和个人颁发奖品和证书,为本次研学旅行活动中综合表现优秀的学生颁发优秀学员荣誉证书。

三、总结反思

研学旅行指导师围绕研学旅行课程目标完成情况、研学资源的开发、研学内容设计、学生学习进展、研学方式方法、研学旅行课程实施与组织过程、综合服务等方面进行反思,总结经验,改进不足。

研学成果:

研学旅行学生手册,祈年殿的色彩,"印象天坛"短视频,天坛文创产品设计图,祈年殿拼装模型,天坛声学奇迹手抄报,个人参观游览路线图、声音沿着回音壁传播的路径图。

教学用具:

序号	教具名称	单位	数量	备注
1	扩音器	个	10	
2	研学旅行学生手册	本	200	每人一本
3	祈年殿模型材料包	套	40	一组一套
4	斗拱模型	个	1×5	每班一个
5	知识课件	套	1×5	每班一套
6	马克笔	盒	40	组内共享
7	素描纸	张	200	每人一张
8	奖品	个	200	每类 50 个
9	观察记录表	份	200	
10	任务报告表	份	40	
11	评价表	张	200	

课程评价：

1. 自我评价（请选择你认为最符合等级填入表格中）

序号	评价内容	自我评价	小组评价
1	积极参加研学课程中的活动，努力完成各项研学任务		
2	认真听研学旅行指导师讲解，积极思考，做好听课记录，主动实践，运用所学知识解决问题		
3	团队意识强，能自觉配合成员，积极完成团队任务		
4	遵守研学纪律，在外文明研学，公共场合注重礼仪规范		
5	生活独立自主，能合理安排研学期间的学习和生活，注意个人卫生		
综合评价等级（A/B/C/D）			

2. 研学旅行指导师评价

评价项目							综合评价等级 A/B/C/D
研学纪律	团队合作	印象天坛短视频	天坛文创产品设计图	祈年殿模型拼插大赛	祈年殿的色彩	天坛声学奇迹手抄报	

注：A——优秀；B——良好；C——合格；D——努力达成。

研学费用：

项目	费用明细
餐费	早餐（1个）：15元/餐/人　午餐（2个）：50元/餐/人 晚餐（1个）：50元/餐/人　小计：165元/人
住宿费	300元/间/晚（标准间）　小计：150元/人
交通费	40元/人（学校至北京天坛的旅游大巴费用）
门票费	18周岁（不含）以下的未成年人凭有效证件实行免费
劳务费	50元/人（研学旅行指导师、导游、随队医生、安全员的劳动报酬）
物料费	1. 教学物料：研学旅行学生手册、天坛祈年殿拼插模型（每组一套）、马克笔、素描纸、奖品； 2. 活动物料：横幅、校旗、服装费； 3. 应急物料：医药箱、口罩； 4. 照相机、摄像机、存储卡等活动物料和其余教学资料由学校提供。 小计：45元/人
保险费	10元/人
服务费	50元/人（旅行社服务费用）
合计	510元/人

注：费用不包含行程中统一安排之外的个人消费。

研学保障：

1. 组织保障

每班(每车)安排一位研学旅行指导师，一位带队老师，负责协调和保障研学过程中各项活动及安全，以及突发事件应急处理工作。各班级按照《北京天坛研学手册》相关要求进行课程研学。

2. 人身安全

(1)出发前开展安全及相关研学背景课程，研学过程时刻保持安全在心。无论行前、行中，身体有任何不适的同学，必须及时告知带队老师。所有工作人员 24 小时电话开机，务必保持通信畅通。

(2)研学旅行中，任何时间，未经带队老师许可，学生禁止擅自活动，万一走失，请及时联系带队老师，并且在原位等候。

(3)参观天坛公园期间，以班级为单位集体行动，不要拥挤，班级与班级之间间隔 50 米之上。绝对禁止超越。

(4)乘坐旅游车，请有序上下车，务必系好安全带；禁止随意走动。务必带好随身物品，固定座位，禁止在车上放垃圾。

(5)研学过程中，不要擅自离队和掉队，任何一次地点的变换，各班研学旅行指导师会清点人数。保证所有人到齐才可以进行下一项活动。

(6)请服从安排有序入住，研学旅行指导师和带队老师会查房，禁止夜晚私自外出。严禁宿舍串门，退房务必带好随身物品，损坏床单被罩，照原价赔偿。

(7)请家长配合学校在学生出行前做好安全教育工作。

3. 财产安全

(1)妥善保管随身行李物品，贵重物品务必贴身保管，防止财物和证件丢失。

(2)晚上务必关好门窗，保管好房卡。

附录 3 教育部等 11 部门印发《关于推进中小学生研学旅行的意见》

扫码阅读

附录 4 教育部关于印发《中小学综合实践活动课程指导纲要》的通知

扫码阅读

附录 5 《研学旅行服务规范》(LB/T 054—2016)

扫码阅读

附录 6 研学旅行安全防范与应对

扫码阅读

参考文献

[1] 邓德智,王彬,王亚超. 研学旅行指导师理论与实务[M]. 北京:中国旅游出版社,2020.
[2] 拉尔夫·泰勒. 课程与教学的基本原理[M]. 北京:中国轻工业出版社,2014.
[3] 李岑虎. 研学旅行课程设计[M]. 2 版. 北京:旅游教育出版社,2020.
[4] 彭其斌. 研学旅行工作实务 100 问[M]. 济南:山东教育出版社,2019.
[5] 魏巴德,邓青. 研学旅行实操手册[M]. 北京:教育科学出版社,2020.
[6] 全国旅游标准化技术委员会. 研学旅行服务规范:LB/T 054—2016[S]. 北京:中国标准出版社,2017.
[7] 全国安全生产标准化技术委员会. 生产经营单位生产安全事故应急预案编制导则:GB/T 29639—2020[S]. 北京:中国标准出版社,2020.
[8] 全国旅游标准化技术委员会. 导游服务规范:GB/T 15971—2023[S]. 北京:中国标准出版社,2024.